国外城市设计丛书

包容性的城市设计

——生活街道

［英］ 伊丽莎白·伯顿
琳内·米切尔 著
费 腾 付本臣 译
师 帅 校

中国建筑工业出版社

著作权合同登记图字：01 – 2007 – 3396 号

图书在版编目（CIP）数据

包容性的城市设计——生活街道／（英）伯顿，米切尔著；费腾，付本臣译．
北京：中国建筑工业出版社，2009
（国外城市设计丛书）
ISBN 978 – 7 – 112 – 11301 – 9

Ⅰ．包…　Ⅱ．①伯…②米…③费…④付…　Ⅲ．城市道路 – 城市规划
Ⅳ．TU984.191

中国版本图书馆 CIP 数据核字（2009）第 169120 号

本书由英国 Elsevier 出版社授权翻译出版
本项目由"北京未来城市设计高精尖创新中心——城市设计理论方法体系研究"
资助，项目编号 UDC 2016010100

责任编辑：程素荣　戚琳琳
责任设计：郑秋菊
责任校对：李志立　赵　颖

国外城市设计丛书
包容性的城市设计
——生活街道

［英］　伊丽莎白·伯顿　　著
　　　　琳内·米切尔

费　腾　付本臣　译
师　帅　校

＊
中国建筑工业出版社出版、发行（北京海淀三里河路 9 号）
各地新华书店、建筑书店经销
北京嘉泰利德公司制版
北京市建工印刷厂印刷
＊
开本：787×1092 毫米　1/16　印张：11½　字数：276 千字
2009 年 12 月第一版　　2017 年 9 月第二次印刷
定价：**39.00** 元
ISBN 978 – 7 – 112 – 11301 – 9
（30135）

目　录

序

　　如何为老年痴呆症患者设计理想的建筑室内空间是一个被广泛关注的问题，然而针对这一人群所进行的外部空间设计却一直被忽略。本书试图填补这一空白，就如何为老年痴呆症患者设计适宜生活的户外空间进行了勇敢而少见的尝试。这是本书的独特之处，因此本书具有非常重要的理论价值。对于老年痴呆症患者而言，普通的生活环境并非为他们设计，环境对他们的不包容限制了他们的行动，令他们看起来更"无能"。然而事实上我们应该反省，他们的"无能"并不是自身的原因，而是环境对他们的包容性不够。他们应得到更多的关注，应能够在社会中保持一定的独立。我们应关注生活中的弱势群体，包括老年痴呆症患者、患有听觉和视觉障碍的人、行动不便的残疾人士等；当我们体会到这些弱势群体的需求，真正地从他们的角度出发进行外部空间设计时，他们才能够更多地参与到社会活动中来。

玛丽·马歇尔（Mary Marshall）
前老年痴呆症服务发展中心主任
斯特林，苏格兰

前　言

本书阐述了"可持续环境满意度"（Wellbeing in Sustainable Environments，简称 WISE）科研项目的目标和内涵。WISE 项目始于 2004 年，创立于牛津布鲁克斯大学牛津可持续发展学院［the Oxford Institute for Sustainable Development（OISD）at Oxford Brookes University］。本书总结了过去十年 WISE 项目的研究成果，同时也为未来的研究打下坚实的基础。

WISE 项目主要是研究建成环境（包括建筑尺度到城市尺度）是如何影响居住者和其他使用者的幸福感、身心健康和生活质量的。本课题的远期目标是能够为目前的住宅、街道、城镇和城市的设计手段提供一些改进的方法。我们相信，只有当设计行业充分发挥他们的社会责任感，利用科学研究及设计经验，更好地聆听并满足大众的需求时，可持续发展才能真正地被贯彻下去，我们应像其他行业一样应用科学的手段作为创新的基础。建成环境对于人们的生活有着深远的影响，这一点已经越来越清晰了，因此，我们需要将人们生活的利益最大化。

在这一领域有所建树并非一项简单的工作，更何况这种研究只是刚刚开始。本课题的研究方法非常新颖，它研究的是那种独特的设计特色可以影响人们的生活质量或幸福感，这种影响究竟是正面的还是负面的，并且研究中我们设计了原始的方法和工具去实现它。我们提出了通过调查人们使用态度来评价建成环境的方法，力图寻求具有实用价值的指导方法或设计手段。很多来自于世界各地的室外环境的设计者和生产商都在联系我们，他们希望能够得到我们的成果文集以及设计策略建议，以及更多的适合老年痴呆症患者使用街道的设计信息。这也促成了我们完成本书，希望有更多的读者能够轻松地找到您所需要的相关信息。

同时我们深知，这一领域中还有很多的研究要做，还有许多的未知等待我们去探索，我们正坚持不懈地进行着新项目的研究，继续尝试快速高效地传播知识。我们期待您的反馈、评论及建议，这将帮助我们进行陆续的研究。希望您喜欢这本书，更重要的是，期待您能在实践中运用本书中所提到的设计策略和设计手段。

伊丽莎白·伯顿，琳内·米切尔
WISE 研究中心，牛津可持续发展学院

作者简介

　　伊丽莎白·伯顿（Elizabeth Burton）：建筑学、城市规划双博士，毕业于剑桥大学，目前任牛津布鲁克斯大学建成环境学院研究生导师，兼任牛津可持续发展学院可持续环境满意度（WISE）研究中心主任。作为一名建筑师和城市设计师，她已用十年时间致力于开展关于社会可持续性和环境建设的科研项目，目前已赢得来自研究理事会、房屋公司及国民保健制度的研究资助，总额超过 75 万美元。

　　琳内·米切尔（Lynne Mitchell）：硕士，英国皇家城市规划学会委员，牛津布鲁克斯大学建成环境学院博士后研究员，助理研究生导师。她是一名特许的城市规划师，研究方向为社会可持续发展与建成环境的关系，是牛津可持续发展学院可持续环境满意度（WISE）研究中心成员，也是该中心的创始人之一。

致　谢

首先感谢什布·拉曼（Shibu Raman），他在我们的研究实施过程中起着重要作用，为我们完成本书打下了基础，如果没有他，我们将无法完成关于空间分析部分的研究。我们也非常感谢丹尼尔·科扎克（Daniel Kozak），感谢他在攻读博士学位期间协助我们拍摄了本书中的大部分照片，并且为绘制本书的插图做了大量的工作。我们还要感谢以下为本书提供插图的朋友：

卡罗尔·戴尔（Carol Dair），图1.3

克里斯蒂娜·斯托克达尔·尤尔伯格（Kristina Stockdale Juhlberg），图1.4

什布·拉曼，图2.4和图4.7

索尔福德大学"表面"包容性设计研究中心（SURFACE Inclusive Design Research Centre, the University of Salford），图5.3，图8.4，图8.6和图9.7

赫瑞-瓦特大学爱丁堡艺术学院开放性空间研究所（OPEN space, Edinburgh College of Art, Heriot - Watt University），图11.1

感谢玛丽·马歇尔（Mary Marshall），最近退休的斯特林老年痴呆症服务发展中心主任，她一直用她的积极性和专业性来鼓励我们。感谢牛津学院可持续发展研究所城市可持续环境研究小组的同事们，特别是凯蒂·威廉姆斯（Katie Williams）和卡罗尔·戴尔，他们一直在支持和鼓励着我们。

我们的研究受益于督导和调查小组的建议和指导，其成员包括：蒂姆·布莱克曼教授（Professor Tim Blackman）、苏珊·费尔伯恩（Susan Fairburn）、伊丽莎白·金（Elizabeth King）以及拉德克利夫医疗信托光体研究中心（OPTIMA, Radcliffe Infirmary Trust）的工作人员，琼·金（Joan King）、汤姆·欧文（Tom Owen）、玛丽亚·帕森斯（Maria Parsons）和牛津痴呆症中心的工作人员，黛安娜·罗伯斯（Diana Roberts）、巴特·希恩博士（Dr Bart Sheehan）、凯蒂·威廉姆斯博士、迈克·詹克斯教授（Professor Mike Jenks）、卡尔·克罗普夫（Karl Kropf）、史蒂夫·翁盖里（Steve Ongeri）。

最后，感谢我们的朋友和家人（尤其是本和巴特），感谢他们在本书创作期间的耐心和给予我们的鼓励。

本书结构

本书在结构上分为三部分。第一部分（生活街道——为什么？）包括第 1 章至第 3 章，阐述了本书的写作目的和写作意义。第 1 章解释了生活街道的概念，分析概念是如何发展的，以及它是如何适应当今社会重要事务的；同时，第 1 章还概述了研究背景，即生活街道概念的由来。第 2 章着重解释了为什么生活街道概念对于老年痴呆症患者很重要，并预言在西方世界老年痴呆症患者的数量将大幅度地增加。第 3 章则继续关注老年人，解释他们如何体验社区的邻里关系，他们使用街道的频率、时间和原因，以及他们的感受。这形成了后续研究的基础。

第二部分（生活街道——怎么做？）包括第 4 章到第 9 章，是本书的核心部分。这部分提出和阐述了设计生活街道的原则和策略。文章在框架内罗列了 6 个主要的设计原则，分别用一章来对应每个原则：

- 熟悉度（第 4 章）
- 易读性（第 5 章）
- 独特性（第 6 章）
- 可达性（第 7 章）
- 舒适性（第 8 章）
- 安全性（第 9 章）

每一章都解释了对应原则的意义，以及这些原则是如何影响老人及其他社区街道的使用者的。文章进而概述了要实现这些原则所要采用的街道设计方法，并且提出了具体的设计策略。

第三部分（生活街道——未来如何？）包括第 10 章和第 11 章，第 10 章将以上的设计策略应用于实践，指出在实践中应用存在一定的障碍，并提出进一步研究的可能性。第 11 章根据英国乃至欧洲、全世界的城镇和城市街道的设计实例，总结生活街道的潜在优势，揭示其重要性和指导意义。

我们已经对本书进行设计，以便读者可以不看书的其他部分就可以直接使用书的第二部分作为设计参考。

第一部分

生活街道——
为什么？

第 1 章

生活街道
概念的
缘起

1.1　生活街道概念的定义和使用

本书提出了一个全球化的城市和城镇设计与发展的新概念——生活街道。这个概念源于我们目前在牛津布鲁克斯大学牛津可持续发展学院（the Oxford Institute for Sustainable Development —OISD）所进行的可持续环境满意度研究（the Wellbeing in Sustainable Environments，简称 WISE）。这个项目组是新近成立的，但其在研究建成环境设计如何影响人们的情感安康和生活质量方面，已拥有十余年的科研经验。本书对于人们的生活习惯和喜好进行了大量严格的调查，其研究目的在于能够为设计实践提供一定的参考和指导，从而最大限度地提高人们的生活环境质量。研究中我们发现此类研究有许多很有趣的部分，这促使我们用一种相对容易阅读和使用的方式把这些全部写进本书中，希望能够为那些致力于城市区域、邻里关系、街道和房屋的设计与开发的人们提供一定的帮助。

生活街道主要有两种类型：

1. 这样的一种街道：当居民们变老时，可以在此生活得很轻松很愉悦，如果他们愿意，他们可以继续住在家里；

2. 这样的一种街道：它具有包容性，包括老年痴呆症患者在内的所有社区成员都可以轻松且愉悦地在这里生活。

通过我们的研究，我们建立了一套设计原则和相应的设计手法，我们相信如果这些原则和手法应用于实践，设计者和开发者就能够创建一种生活街道模型。本书的使用对象包括：

■ 街道环境的制造者：

——建筑师；

——城市设计师；

——规划师；

——公路工程师；

——私人开发商；

——住房协会；

——街道小品的制造商。

■ 街道环境的使用者：

——老年人和痴呆症患者；

——痴呆症患者的看护人员；

——代表老年人和痴呆症患者利益的团体；

——所有对本地社区环境和街道感兴趣的人们。

我们建议所有在城市发展过程中能够尽早地使用这些原则和建议。它们可用在城市新集聚地、退休村落或城中村的发展建设中，用于城市区域的更新和复兴，用于私有和社会房屋体系的发展，或者用于对城市中心区的环境改善。

1.2　概念发展的原因

痴呆症项目的研究

在可持续环境满意度（WISE）研究中，我们致力于设计能够适合不同年龄段、不同身体情况的人们使用的环境场所，尤其注重研究建成环境与人们的精神健康、认知功能障碍之间的关系。尽管在设计适合认知功能障碍的人士居住使用的住宅方面已有一些成功的经验可供参考（如智能家园 smart homes 项目），但是对于如何设计适合他们使用的室外环境我们了解的还太少。为了解决这一问题，我们着手研究这个为患有痴呆症的老年人设计室外环境的项目，并获得了资助，期望研究出何种环境能够为他们提供良好的生活质量。正是通过这一课题我们提出了"生活街道（Streets for Life）"的概念，并且本书中所有的设计策略和设计手法都是从本课题的研究中得出的（Burton，Mitchell and Raman，2004，图 1.1）。需要指出的是，所有的设计手法都不是我们从专业角度提出的，它们是直接源于那些使用着街道的人们，无论他们是否患有痴呆症。幸运的是我们找到了一些来自牛津郡和伯克郡的志愿者——包括 20 名痴呆症患者和 25 名健康者，他们接受了我们的调查和访谈，愿意为我们的研究做出贡献。我们用了三种方法找出问题的答案，深入地采访他们怎样出行，为何出行以及何时出行，是什么原因促使或者阻碍了他们的出行。

调查中我们得到一个重要结论，即无论对于老年人还是对于痴呆症患者或患有其他记忆力问题的人而言，能够自主外出都是一件非常重要的事，因此，设计适合痴呆症患者使用的街区是一项非常重要的任务。我们提出了"生活街道"的概念，并以此作为一种运作机制，来形成适合老年人、适合痴呆症患者使用的室外街道空间。

包容性设计

生活街道与包容性设计的概念相辅相成。包容性设计是指无论使用者的年龄和健康如何，我们的设计产品、配套设施和服务质量都应该可以适合他们使用。包容性设计有时也被称为通用设计或大众化设计。它并非一种新的设计风格，而是大众化设计的一种新态度、新途径。包容性设计是基于以下两种社会趋势应运而生的：

■　人口老龄化

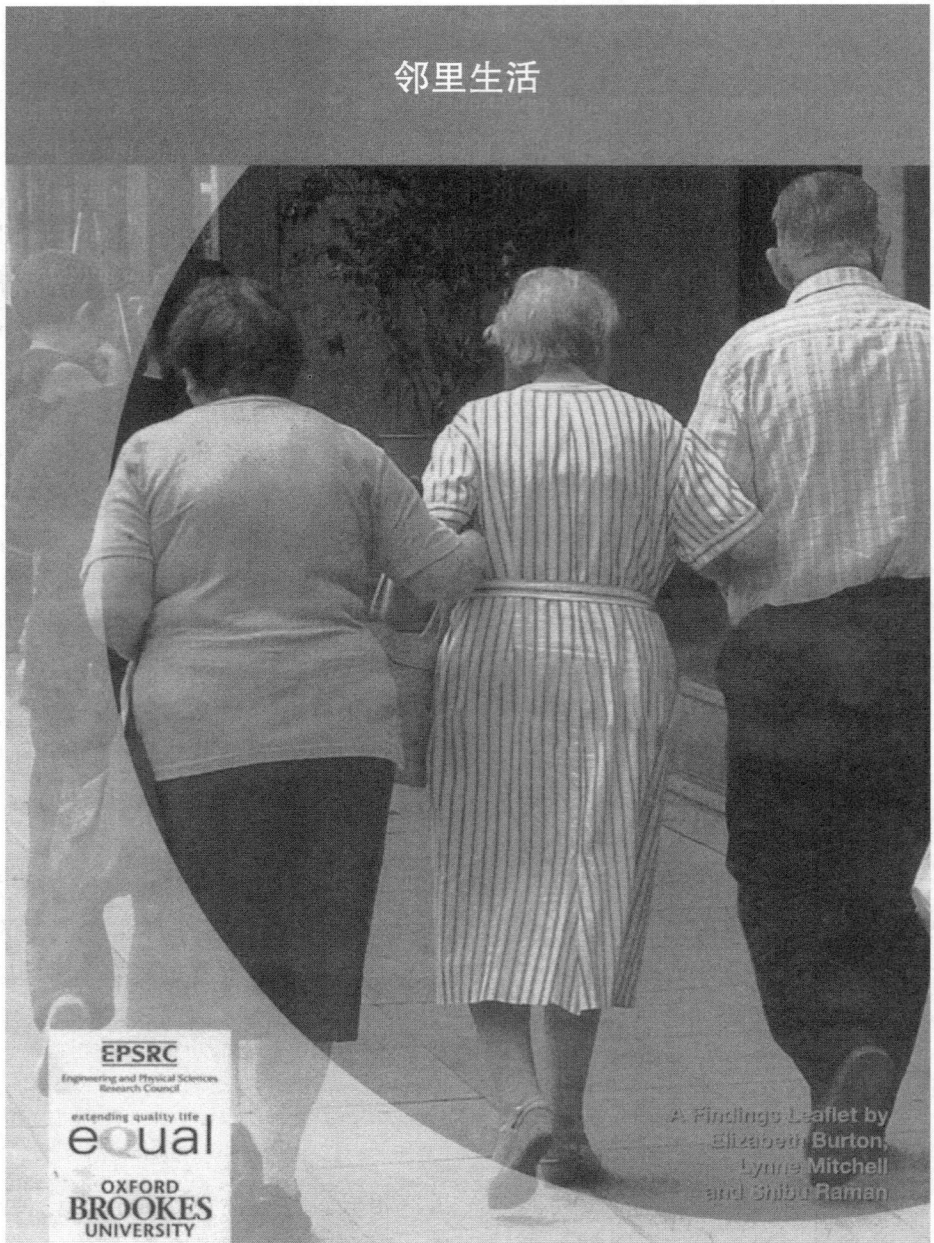

图 1.1 可持续环境满意度研究(WISE)项目的宣传彩页(Burton、Mitchell and Raman,2004)

■ 残障人士进入主流社会的呼声日渐高涨

　　统计显示，到 2020 年将有接近半数的英国成年人超过 50 岁，而届时将有 20% 的美国人和 25% 的日本人超过 65 岁。老龄化会引起生理上、精神上和心理上的变化，连带产生听觉、视觉、灵活性、机敏性以及记忆力等方面轻微的退化，这些都导致老年人不能像从前一样轻而易举地使用生活配套设施（在第 2 章中将对这一点详述）。西方世界"婴儿潮"一代已达老龄化，老年人数字的增多令老年社会对于居住环境、设计服务和配套设施有越来越大的呼声和越来越多的要求。这些老年人可能有可观的财富，期望自己拥有积极的、独立的、完美的生活，因此有很大的市场需求，这对设计师和制造商产生了一定的刺激，从老年人的角度出发，以满足这种日益增大的需求。

　　目前社会上代表残障人士权利的呼声越来越高，更有很多新兴的反歧视立法出现〔例如，美国 1990 年的《全美残疾人法案》（Americans with Disabilities Act）、澳大利亚 1992 年的《残疾歧视法》（Disability Discrimination Act），英国 1992 年颁布、2005 年更新的《残疾歧视法》（www. disability. gov. uk/law. html）〕，这一潮流已引发了进行无障碍设计的潮流。

　　以前的设计都是人去适应环境，或者单独在为残障人士设计的空间中使用特别的设计手法及技术手段；而目前的趋势则是设置某种"社会模式"，它既满足了普通大众的使用要求，同时也能适应残障人士的生活需要。以前对残障人士的认识往往流于表面，认为他们自身的残疾限制了他们的自由，而目前普遍的看法则是"并不包容"的环境设施和设计产品限制了他们的自由。那些坚持用"社会模式"来解决问题的观点是，应该通过对环境设施和设计产品的精心设计来将残障人士的残疾最小化（Imrie，2001；Lacey，2004），从前，设计的对象是普通的年轻男性，而现在普遍的观点则是，设计应能够满足每个人的需要，或尽量满足最多人的需要（DfEE，2001）。

　　随着残障人士更多地参与社会活动，老年人在政治上的影响力日益增加，社会上对待残疾人态度积极地转变，无障碍设计已成为社会的主流课题。为了增加建筑的可达性，顺利引导有身体障碍或肢体残疾的人士，我们已经建立了一些规划导则和建筑规范，但是它们在规则范围、执行效果以及执行力度上仍存在着很多问题（Imrie and Kumar，1998）。例如 1997 年的 Gant 法案的提出，十几年来已经促使大量商业中心步行街区进行了积极的无障碍设计，但是这种设计仍存在一定的缺陷，例如盥洗设施不足，缺乏明确的标识等。

　　Imrie 与 Kumar（1998）对残障人士进行了调查，试图明确目前其生活环境与其社会和经济经验相符合的程度有多高。很多受访者都有相同的生活经验，他们把环境分为安全有保障的和有害且危险的两种。通常他们认为家里是安全

图1.2 老年人并非真的无能,而是被周围的环境变得"无能"

有保障的,而家以外的环境是有害且危险的。在家以外遇到的事情往往令人感觉很屈辱,例如必须通过侧门或后门才能进入建筑物,或者在办公室、商店必须面对高高在上的柜台。典型的说法是:"每当我们步出家门,我们都会有这种感觉——从没有人真正地关心我们"(Imrie and Kumar,1998,p.366)。

"包容性设计(inclusive design)"是我们要强调的一个概念。包括皇家艺术学会(the Royal Society of Art)、消费者事务研究所(RICAbility)和设计委员会

（the Design Council）在内的不同社会团体正在为日渐兴起的包容性设计争取权利，讨论是否应在"包容性设计"的基础上建立新政策、新导则、新标准，建立新的奖励制度或者训练方式。英国一本关于包容性设计管理的标准（出版号为 BS 7000 - 6）于 2005 年 1 月出版。设计委员会和皇家艺术学会的网站都对包容性设计的相关资料进行了链接（详情可登陆 www. designcouncil. org. uk/inclusivedesignresource，www. rsa. org. uk/inclusivedesign）。

"生活街道"是包容性设计概念的自然外延，扩大到了社区尺度。目前其关注热点是环境设施、房屋建筑以及可达路径，今后我们将会把研究范围进一步扩充至社区、村庄和城镇的范围。

安宅一生家园项目

或许包容性设计最著名的例子就是安宅一生家园（LIFETIME HOMES）项目，"生活街道"则是它在户外及社区范围内的同等概念。基于对英国房屋质量的关心，以及社会上普遍缺乏对老年人、残疾人和那些有年幼子女家庭的无障碍设计（Brewerton and Darton，1997），约瑟夫·朗瑞基金会（the Joseph Rowntree Foundation）于 1991 年提出了这个项目的概念（见 www. jrf. org. uk/housingandcare/lifetimehomes）。安宅一生家园能满足大部分家庭的需要，并适应它们未来的变化，它提出在新的房屋设计中应涵盖以下 16 种设计特点（见 www. jrf. org. uk/bousingandcare/lifetimehomes/table2. asp for more details）：

1. 停车位的宽度达到 3.3 米。
2. 停车位置到房屋入口的距离保持最小。
3. 入口处应不设高差，当必须有高差时设置平缓的坡道。
4. 入口带有雨棚，并且光线充足。
5. 公用楼梯可达性强，电梯方便轮椅上下。
6. 门和大堂的宽度可以让轮椅顺利通过。
7. 一楼起居室中有足够轮椅回转的空间。
8. 起居室（或家庭用房）在入口层。
9. 在入口层设置临时休息床位。
10. 在入口层设置可方便到达的厕所，并提供淋浴的可能。
11. 墙壁能灵活变化。
12. 预留座椅电梯。
13. 从卧室到浴室应设置方便承载残障人士的起重机运行的空间。
14. 卫生间内部应能从侧面进入淋浴和厕所。
15. 窗台要相对低矮。

16. 在方便的高度设置插座，控制器等。

这些设计手法并不夸张，而且不会产生大量的额外费用。"安宅一生"项目并非那种在视觉上或美学上非常醒目、与众不同的项目，但是它为使用者提供了很多生活上的便利，无论使用者的生活环境或个人健康如何变化，这些住宅都灵活可变，适合居住者继续使用。

"安宅一生"住宅项目已建立一套标准，并已成为主流。在 20 世纪 90 年代中期，英国政府对国家建筑规章的 M 部分（Part M of the statutory Building Regulations）进行了扩充调整，使其涵盖公用建筑以及民用建筑，当时的规章中就采用了"安宅一生"的多条设计标准（Carroll et al, 1999）。另外，在英国房屋公司（the Housing Corporation）的开发标准计划中也采用了"安宅一生"的多条标准，并且规定所有由该社团资助建设的住宅都必须采用这些标准进行建设。目前很多业主和地方政府都要求建筑师按照安宅一生设计标准进行设计，并且很多的开发商也在积极采用这一标准，他们认为这会令自己的项目具备营销上的优势。

生活街道是"一生的街道"——在使用者一生的时间里，不论其生活能力和健康程度如何改变，他们居住的街道和社区都应易于使用，并能为他们提供生活上的享受。老年人也要求享有高质量的生活品质，他们对社区的需求像对自己的家一样强烈。为了能够提供这种生活，我们认为应该在推行安宅一生住宅标准的同时采用生活街道的方案。

可持续社区

可持续政策正不断发展，公众对可持续社区的需求日益壮大，这些也从另一层面促进了生活街道概念的发展。从 20 世纪 80 年代末期开始，全球范围都在关注迫在眉睫的环境问题（例如全球变暖、资源枯竭），这导致英国政府着手发展可持续发展战略（HM Government, 1994）。很多国家和地区都在逐渐地把关注可持续发展战略纳入国家政策中，但所有国家都在关注土地政策和住宅政策倾斜后，可持续发展观究竟有多大的成绩（DoE、DoT, 1994；DoE, 1996）。在 20 世纪 90 年代，政府提倡"紧凑型城市"的概念（即高密度、混合使用的城市），在现有城市土地上进行集约化发展，包括对棕色地域（工业用地）的重新使用，和在靠近交通节点、交通设施的高密度地区做新的开发（DETR, 1998；Burton, 2002）。紧凑型城市的政策后来被包装成"城市复兴"的概念（Urban Task Force, 1999；DETR, 2000a），政府力图通过城市复兴政策减缓被广泛宣传的反都市化趋势，在棕色地域被重新开发后，政府鼓励人们重返这

图 1.3　萨顿市（Sutton）红 Z 项目：英国的一个可持续发展项目（Carol Dair 摄影）

些更高密度的城镇和城市（DETR，2000b）。

在 2003 年 2 月，英国副首相推行《社区计划》（the Communities Plan）（ODPM，2003），斥资 220 亿英镑建立可持续社区的长期项目。项目鼓励那些能够为居民提供高品质生活的设计，理想状态是人们愿意在那里居住，并以此为傲。2005 年在曼彻斯特召开的实现可持续社区首脑会议（The Summit 2005：Delivering Sustainable Communities）聚集了 2000 多名专家，共同探讨这个计划及其执行情况。

可持续发展已经越来越多地被认为是环境、社会和经济三种因素的平衡，问题的重点已从对环境的单纯保护转向在现有生态系统下提高生活质量（DE-

TR，1999）。这些政策目前已经到位，建筑师和规划师的任务就是创建"可持续住区"和"可持续社区"（ODPM，2003）。

政府在政策上高度承认高品质设计是可持续住区的重要组成部分。根据英国副首相办公室（ODPM）2005年出版的英国政府PPS1政策——《规划政策声明1：实现可持续发展》（Planning Policy Statement 1：delivering sustainable development）中规定的：

"高品质设计应确保实用、耐用和可以接受的场所，是实现可持续发展的关键因素。（第33段）"；

而在地区环境交通部（DETR）在2000年出台的PPG3——《规划政策导则3：房屋》（Planning policy guidance 3：housing）中指出：

"新的房屋和住宅环境应经过精心设计，应为促进城市复兴和提高生活质量做出重大贡献。（第1段）"

什么是高品质设计？目前这个名词被很多团体推广，包括英国房屋公司（the Housing Corporation）、建筑和建成环境委员会（CABE）与编制设计导则的英国副首相办公室。但是这主要涵盖的是规则和目标，对于具体的设计建议和策略则缺乏描述。例如，地区环境交通部（DETR）与建筑和建成环境委员会联合出版物《在规划系统内的建筑设计和城市设计：为了更好的实践》（By Design – Urban Design in the Planning System：Towards Better Practice）（2000）中推荐的七个设计原则，包括"场所具有自我特征"、"公共和私人场所明确分开"和"居住社区应带有有吸引力的户外场所"。设计师知道可持续发展的社区有什么（例如，便利的通路，混合用途，吸引力，安全性，社区感和健康环境，ODPM，2003），但是并不明确实践中这些到底意味什么。一些具体的设计导则可以明确地指导设计（例如保证"着眼于街道"，以期获得最大化的安全感），但是大部分导则却是空泛的，难以应用到实践中。高密度的社区可以采取不同形式设计，不仅仅考虑内部和外部功能，也要考虑与周围环境的关系，也要考虑建筑风格和细节，以及外部场地、停车场的布局等。

生活街道有助于可持续社区的实现。社会可持续发展的一个重要方面是社会凝聚力和社会包容性。无论年龄和能力的差异如何，可持续街区都应允许人人平等的机会和机遇。这本书在某种程度上提供了许多急需的信息，并且能够指导设计可持续发展社区的设计实践。

支持老龄化人口的独立

　　如前所述，人口老龄化激化了对包容性设计的需求，鼓励产品制造商和设计师认真考虑老年人的需求。老龄化促使"生活街道"概念的产生，一个重要的原因是他们对自我独立性的需要。而社会现状是公共资源紧张、护理场所缺乏，因此政府期望人们能够尽可能长久地生活在自己的家中。在过去几年中，养老院倒闭的数目已经远远超过新建的数目。其实人们并不愿意搬到敬老院中去，他们愿意留在原来的住处，而且这对于老年人尤其是痴呆症患者也是最适合的。但是想做到原地不动，老年人需要的不仅仅是住房，更需要能够使用和享受的户外环境。他们需要外出走动，四处转转，如果不能外出的话他们等于被死死地困在车厢内。正如 Hall 和 Imrie（1999，p. 424）所说：

　　　　"建筑和环境的设计开发能够促进或者阻碍人们的行为活动，特别的设计充满了划分和排斥的力量。"

　　许多老年人独自生活——他们每天呼吸新鲜空气，外出锻炼，去商店购物，去邮局寄信，外出遛狗，或者会见朋友。这对他们每天的生存、幸福和享乐非常重要。

　　目前在为老年人设计更多便利可达的社区方面已经有一些进展，但设计的主要精力还是集中在身体或感官的需求上（例如轮椅使用者的需要），而不是认知方面的需求。尽管 1995 年的《残疾歧视法》中从身体、感官以及精神状况对残疾进行了定义，但现实中考虑无障碍设计时往往会忽视感官能力有损伤的人们，这一点需要改进。与为年轻的残疾人进行的外部空间设计相比，为老年人进行的外部空间设计研究非常稀少，而为痴呆症患者进行的外部环境设计研究则前所未有（在第 2 章中我们对此阐述得更多），城市设计中应更多地考虑老龄化所带来的影响。生活街道的概念使老年人能够保持独立，更长久地生活在自己的家中，即使是痴呆症患者也是如此，这造福了所有人。

图 1.4 养老院最大的缺点就是无法让老年人感觉像生活在自己的家里一样（Kristina Stock-date Juhlberg 拍摄）

1.3 发展生活街道概念的研究方法

此研究由工程物理科学研究委员会资助，主要研究如何创造适合痴呆症患者使用的街区，促使老年痴呆症患者积极参与到社区中。研究的目的有以下几个：

■ 探讨患有老年痴呆症的病人如何与外部自然环境互动，他们自身的素质如何，他们对外面的世界是如何理解的。

■ 确定影响老年痴呆症患者使用室外环境设施的设计因素。

■ 为设计适合痴呆症患者使用的户外环境提供初步的指导意见（包括城市设计到街道小品设计的所有尺度）。

图 1.5　如果老年人的身体状况还能允许他们自由地外出，那么他们更愿意住在家里，而不是敬
　　　　老院，因为这样他们可以自由地到社区街道上走走

　　45 名 60 岁及以上的老年人参与了研究工作，他们住在自己家或者收容所
里，能够自行外出，仍然在使用户外环境设施，其中 20 人患有轻度或中度痴
呆症，参与智力状态测验的成绩介于 8 分和 20 分之间。

　　所有的参与者都接受了深度采访，以了解他们对外部环境的感觉如何、
使用情况如何。我们向他们展示了几组特色不同的室外环境照片，了解他们

对不同的设计的好恶和原因。所有痴呆症参与者的看护人也同时在其他房间接受了采访,补充阐明一些细节,例如参与者的居住地点、他们是否曾经走失等情况。还有一部分参与者在邻居的陪伴下进行了短距离散步的测试,我们记录了他们的识途技术,判断环境特征是否帮助他们找到了正确的道路。我们对参与者居住地社区的特点也进行了调查,试图判断居住地点与生活质量之间是否存在一定的关系——例如,那些在调查中表现良好的受访者是否生活在某个特别的社区或城市中呢? 如果答案是肯定的,那么这种生活环境具备什么特点呢?

我们关注人们所居住社区的所有室外环境特征,如下所示:

■ 街道网、形状和类型;

■ 开放空间;

■ 路口;

■ 材料和路缘石;

■ 街道及人行道的宽度;

■ 座椅和指示牌等街道小品。

第 2 章

生活需要适合痴呆症患者使用的街道

2.1 人口老龄化

本章将重点阐述为什么"生活街道"应该是适合老年痴呆症患者使用的。本章首先指出世界范围内的人口老龄化现象归因于人们对长寿的期望和出生率的降低，进而讨论了专业设计师的职责就是进行包容性设计，最后文章进行了简短的概括，探讨老龄化进程是如何在人们的生理和心理方面产生影响的。

什么是"老"？

目前世界上缺少对于"多大年龄才算老"这一问题的统一意见，因此对于老年人需求的讨论往往被耽搁。应该效法英国国家统计办公室（the UK Office of National Statistics）和老龄委（Age Concern），认为老年人就是指那些 50 岁及 50 岁以上的人吗？还是认同世界健康组织和老龄救助中心的观点，认为 60 岁才是"老年"的起点？50 岁看起来太年轻了，很多已经到了 60 岁的人看起来依然不是老态龙钟的。那么，是否可以借用这个词——"领取养老金的年龄"呢？似乎这里的情况也很复杂：事实上在许多国家里，妇女领取养老金的年龄是 60 岁，而男子则是 65 岁。这一差异正在逐渐缩减；例如，澳大利亚 2012 年将推行所有人领取养老金的年龄均为 65 岁的制度;而英国也在改变男女之间领取养老金的年龄差异,截止时间是2020年;因此,用"领取养老金的年龄"这一词汇并不能清楚地指代老年,至少暂时是这样的。

Laws(1994)和Norman(1987)等人都曾提出,使用"老"这一词汇来描述人们身体健康状况变化,或者规定人们"变老"时有一个具体数字的做法是不当的,因为这使人们错误地认为年轻人就都是健康强壮的,而老年人就都是羸弱虚弱的,因而使"老"这一词汇带上了贬义的色彩。然而对于大多数人来说,人口老龄化进程带来了挑战,现存的建筑和环境并不适宜老龄化社会的需要。本书中我们使用的是"老年人"一词,用以指代60岁及60岁以上的人,因为这代表着本书第1章所介绍的调查中受访者的年龄跨度。

统计数据

目前世界上有6亿人年龄超过60岁。根据世界卫生组织(the World Health Organisation)2004年公布的信息,仅用20年时间,即在2025年,这一数字将翻一番。欧盟(the European Union)目前有20%的人口超过60岁,这一数字预计将在2030年翻倍(Fabisch,2003)。而其他国家的老龄化人口数字有可能会更加戏剧性地上升。举例来说,泰国60岁以上年龄的人口比重从1999年的8%上升到2050年的30%,在澳大利亚,这一数字从1999年的16%上升到2050年的28%,英国将从21%上升到31%(United Nations,1999)。

然而,人们对长寿的期望和出生率的降低导致人口老龄化现象的加剧,这已经是世界范围的普遍现象,只有撒哈拉以南的非洲部分地区(Kalasa,2001;Barnett V. Taddingham,2002)除外。英国2001年的人口普查第一次发现,英国人口中超过60岁的人数大于小孩的人数。更值得注意的是,年龄超过85岁的人口数量大量地增多了(National Statistics Online,2002)。

包容性设计

环境景观设施一直以来都是以年轻的健康男士为使用对象而进行设计。第1章我们提到,尽管"公共环境应该便于残障人士使用"的这种认识在20世纪下半叶逐渐兴起,为残疾人进行的环境设计一般都较为关注身体残障者特别是轮椅使用者的可达性而忽视了环境设施的设计。关注残疾人当然是正确的，但忽视大部分人的需求、忽视环境障碍则是不当的。

环境设计若不能充分考虑所有使用者的不同需求，许多人都将被户外世界排斥。研究发现老年人经常被歧视，老龄群体经常被边缘化，并被与年轻人比来比去（Help the Aged，2005a，ODPM，2005b）。例如，尽管英国是世界上第四富有的国家，2000 年时仍有 1/3 的退休者生活在贫困线以下（Help the Aged，2005a）。而痴呆症患者的情况则更为糟糕，正如 Lubinski（1991，p. 142）提出：

> "在我们的社会中，老年痴呆症病患可能是最易贬值的成员，他们一生的性格特征和突出贡献都被忽视……（痴呆症患者）负有双重耻辱，即生理上的衰老和精神上的弱智。"

在英国《残疾歧视法》2005 年版（此法案以 1995 年版英国残疾歧视法案为蓝本）中，残疾被定义为一种身体的、感官的及智力的状况。其他国家也有类似的法律，例如美国《全美残疾人法案》1990 年版和《澳大利亚残疾歧视法》1992 年版中均规定歧视残疾人违法。根据英国《残疾歧视法》，建成环境的设计者和开发商有义务做好合理的安排，确保人们无论是否残疾、无论是否老迈、无论性别如何，都可以使用所有房屋空间、服务设施和各种设备。此法案第 M 部分（2004 版本）提到了建筑规章 2000 条中规定，建筑的使用功能要达到以上所说的标准。《全美残疾人法案》第三标题中包含公共场所和商业设施的无障碍设计规范和设计标准，这部分于 1994 年修订。这意味着所有年龄层的残疾人都不应该被环境壁垒所排斥，无论其身体损伤是临时的（如伤筋动骨）还是永久的（如先天失明），抑或是患有认知障碍（如诵读困难）。欧盟成员国 1999 年颁布的 283 号法令规定，一切设计和服务都要能适合不同年龄、不同身体状况的人们使用（Fabisch，2003）。

图2.1 设计得不好或者维修得不好的街道对所有人的出行都会造成问题，对于老年人来说这种问题则更加严重

　　许多国家都在试图改善边缘化人群的生活质量，通过包容性设计的规划政策去设计建筑空间和设置环境设施。无论使用者的年龄多大、身体健康如何，这些导则应该适用于每一个人。英国《规划政策声明 1：实现可持续发

图 2.2 不仅是老年人，街道设计也应满足患有身体残疾、感官障碍或认知能力残缺的年轻人的需要

展》中有以下论述（ODPM，2005a，第 35 段）：

"任何阶段设计的最高目标都应该是高质量、具有包容性，这种设计服务范围广，避免了老年人、残疾人从社会大众中的隔离状况……能够创造人人都能使用并能充分享受的环境，服务于社会所

图 2.3　包容性设计应涵盖所有年龄层的需求

有的成员。"

　　在英国，负责发展和管理社会住房计划的房屋协会也必须满足其监管机构——英国房屋公司——的要求，为了创造可持续住区，社会不仅仅要提供居民都能负担得起的住房，而且要确保居民在现在和将来都能享受高品质生活。其目的是提供有吸引力的、安全的、干净的高品质住房，适合包括老年人和残疾人在内的所有人居住，人们可以方便地上学、上班，得到各种服务，享受便利的设备，身心愉悦（the Housing Corporation，2003）。

　　英国 2005 年出版的《残疾歧视法》罗列了人的三种状态，老龄化进程将使人们经历其中的任何一种或所有三种。虽然这些状态都没有严重到残疾的程度，它们却影响了很多老年人的理解能力，使用能力，享受能力，以及在室外环境中不迷路的能力。正如 Lavery 等所陈述的那样（1996，p. 189）：

> 设计师必须意识到这样一个事实，即仅适应"大众"的设计已经过时了。设计"友善街道"的挑战是很艰巨的，最终的设计成果会满足所有人：不论是年轻人还是老年人，不论健康的人还是赢弱的人。

设计适合所有年龄段和任何身体状况的人使用的室外环境的确是一项艰巨的挑战，但是我们现在有义务为未来作一个合理的安排。

下一节将探讨老龄化进程所引起的最常见的问题，这些问题往往会影响老年人感知和使用室外环境的方式。

老龄化进程

假设 60 岁到 100 岁范围的人有相同的需求和能力是荒谬的。"老年"人是不同种类人的集合，他们年龄不同，能力不同，生活方式不同，生活技能不同，身体灵活性也不相同。即使我们试图把"老年人"按年轻的老年人、中等的老年人、老龄的老年人分成不同的子集，每个子集之中的老年人也会有非常大的个体差异（Laws，1994）。正如 Faletti（1984，p. 196）阐述的那样：

> "人们因为感官能力的减弱而变老，但却不按照同样的方式老去，即使存在身体上或者心理上相似的变化，身体功能上也并不必然反映出相同程度的降低。"

换言之，人到 60 岁并不意味着身体和精神开始逐步丧失能力；人到 60 岁也不意味着其独立性、选择能力、对自己生命的掌控能力或者与社会接触的需要有任何程度的降低。然而如果对环境的设计不能够应对这些挑战的话，老龄化进程必将引发一系列对老年人身体和精神上的挑战，在许多方面对人们的身心健康产生不利的影响。例如，65 岁以上的老年人中 1/3 每年会跌倒一次，而对于 85 岁及以上的年龄段来说，这一比例上升为 50%。老年人比年轻人更容易在跌倒时受伤，在英国，超过 75 岁的老年人受伤致死的案例中跌倒是最常见的原因（Campbell，2005）。

图 2.4　多老算老?

体能下降

老年人通常会经历生理上的下降期,这一阶段他们的力量、耐力、灵活性和感知力都会不同程度地下降。

1. 力量和耐力

人在 70 多岁的力量和耐力通常是他们 20 多岁时的一半,这影响他们的很多动作,例如携带、攀登、上举、握紧、拖拉和推动(AIA,1985;Carstens,1985)。男人往往比女人强壮两倍,这样算来,一个 20 多岁的男子比一个健康的 70 多岁的女子健壮 4 倍(Wylde,1998)。

2. 灵活性

许多老年人走路时脚步拖拖拉拉,很不稳定,有时还驼背向下看,特别是那些痴呆症患者更为严重,因此他们对周围环境和潜在的危险并不敏感

（Carstens，1985；Calkins，1988）。有的人患有骨关节的毛病，例如关节炎和风湿病，这降低了人们的灵活性，在跌倒时更易受伤。许多老年人不能走陡坡，无论上坡还是下坡；还有很多老年人步行 10 分钟就必须休息（AIA，1985）。因此对于灵活性差的人而言，即使是在离家很近的范围内，设计欠佳的街道对他们而言也相当于繁重而费力的远征。

3. 感官缺陷

有感官缺陷的人也能接收到环境信息，但他们的反应时间更短，并需要明确强烈的感官刺激。感官障碍包括以下几种：

（a）听觉缺陷

听力衰退通常是人们老化过程中第一个要面对的生理问题，尤其是男性。这降低了他们的交流能力，难以理解周围发生了什么，例如交叉路口的信号灯采用的是高频声，老年人既然听不见也就无法做出反应。听力丧失使人们无法从一般的环境声中分辨出特别的语音或声音，这会造成沟通问题，引发混淆和迷惑（AIA，1985；Carstens，1985）。

（b）视觉缺陷

虽然在 20 多岁就患有视力问题的人只有 1/3 的比例，但是普通人在 40 ~ 50 岁之间就会自然地出现视力恶化，统计显示，98% 的 65 岁以上的老年人因为视力障碍需要配戴眼镜。大概有 10% 年龄在 65 ~ 75 岁之间的人和 20% 75 岁以上的老年人有更为严重的视力障碍，这与老龄化无关，而是由于他们健康状况不佳，或患有某种疾病。不过 90% 的盲人和弱视者的年龄都超过 60 岁。与具有良好视力但年龄更老的人相比，患有视觉障碍的人更容易跌倒，而且摔倒的次数更多（Campbell，2005 年）。

与年龄相关的视觉问题包括以下几种：

（i）视觉敏感度下降

40 岁的人需要比 20 岁的人多一倍的光照才能达到同样的视力，而 60 岁以上的人需要五倍于这一光照才能看清（AIA，1985；Brawley，2001；Campbell，1985）。视力的降低造成人们难以分辨前面和侧面的物体、难以阅读、难以区分事物的细节、难以辨认人脸，当年满 70 岁以后这种问题更加明显，同时，在近处和远处的物体之间进行视觉变焦也变得非常困难。视觉敏感度很差的人会明显地发现视线在黑暗和强光环境中来回移动会很难聚焦，这会导致他们失去平衡，或者迷失方向（AIA，1985）。

（ii）色彩认知障碍（对色彩的敏感性降低）

色彩认知障碍是指对颜色的辨别能力的降低，这是眼部晶状体随着年龄的增长而变黄所引发的，如果病人同时患有老年痴呆症，其色彩认知障碍会更加恶化。暗色调以及紫色、蓝色和绿色的组合是最难分辨的，而红色和橙色则相反。蜡笔颜色朦胧柔和，彼此融合，色彩认知障碍的患者也难以区分出相似的暗色或亮色。清晰而不带有任何灰色调或亚光成分的色彩是很容易分辨的，但是对于患有色彩认知障碍的人来说，最易分辨的是明确的色彩对比；例如，地板和墙之间的强对比，踏步和压脚线的强对比，标识符号和背景颜色的强对比（AIA，1985；Harrington，1993；Brawley，1997）。

（iii）深度知觉损伤

深度知觉损伤的患者会曲解鲜明的颜色反差，将地面的图案误认为是踏步或破洞，将阴影与光的对比看做是水平高度的变化。他们认为有反光的地面是又湿又滑的，棋盘格铺装的广场或者多种线条等样式复杂的图案会令他们头晕眼花，甚至跌倒（AIA，1985；Campbell，2005）。

4. 肠和膀胱的功能衰减

尿失禁并不是老龄化过程中的常见症状，但是肠和膀胱的功能的确随着人们年龄的增长而衰减，因而一般老年人使用卫生间的次数要比年轻人多得多（Help the Aged，2005b）。

智力衰退

如果有生理障碍的人难以使用室外环境的话，那么对智力衰退者来说将更加困难。智力衰退一般可以分为两种：随着老龄化进程而出现的一般性衰退，以及老年痴呆症。

1. 一般性衰退

研究发现，由于大脑老化，人们往往要经历一个心智能力的转变过程。人们变老后，尽管他们的心智能力并未受到损害，但与年轻时相比，人们通常要花更多的时间去处理、反应和记忆信息（AIA，1985；Patoine and Mattoli，2001）。一种受影响的记忆类型是"语义记忆"，它包括人们多年来通过教育和经验所收集到的信息。与年轻时相比，老年人通常需要更长的时间去记住人名、地点和物体，也要花更多的时间去学习新的知识。尽管他们像年轻人一样能够控制自己的思想，但他们却需要更久的时间才能完成一件思考任务。另一种受影响的记忆类型是"前瞻性记忆"，这是指记住未来要完成任务的能力，例如要约会或者吃药，患者常常发现自己比过去更加依赖记事本和日记本来帮助记忆。还有一种记忆类型被称为"程序性记忆"，例如游泳、演奏乐器等技能，如果人们规律地使用这些技能，这种记忆是不会衰退的

（Twining，1991；Huppert and Wilcock，1997）。

因此术语"记忆改变"比"记忆丧失"更加准确地描述老龄化过程对于老年人心智能力的影响。为了应对这些变化，老年人应密切关注自己能记住多少新信息。紧张、焦虑、疲倦、缺乏自信、精神不集中或者急于求成都可能使老年人难以应付身体上潜在的变化（Patoine and Mattoli，2001）。

某些老年人生理上的微恙（例如尿路感染）会引发短时记忆问题，这种患者往往会担心自己是否会发展成老年痴呆。有的老年人由于年龄问题出现视力或听力衰退，这期间他们反应缓慢，对看到或听到的事物有误解，他们会误认为自己患有老年痴呆症。其实，这两种担心都是对老年痴呆症的误解，这类症状都只是随着年龄增长而出现的一般性智力衰退，并不是真正的老年痴呆症（AIA，1985；Twining，1991，Barberger - Gateau and Fabrigoule，1997）。

2. 老年痴呆症

老年痴呆症是一种永久性记忆问题，是严重的智力损伤（DSDC，1995；Barberger - Gateau and Fabrigoule，1997），此类患者的记忆损失并不同于一般的老年健忘症。老年健忘症是一种典型的暂时性记忆缺失，而缺失的内容也往往只是一些无关紧要的信息；老年痴呆症则不然，患者永久性地损失记忆中大量的重要信息、损失对过往经历的记忆，同时还可能伴有其他感官功能的损伤（Reisberg et al，1986）。Patoine 和 Mattoli（2001，p.5）对两者的区别进行了简要的概括：

> "如果你偶然忘记自己把车停在哪里了，这没关系，每个人都有这种经历；但如果你忘记了自己的车是什么车的话，那你要加倍留心自己身体的健康了，这可能是老年痴呆症的信号。"

前文我们提到了全球老龄人口预计增加的数字，也指出目前增幅最大的是超过 85 岁的年龄段，至少在英国是这样的。随着年龄的增长患老年痴呆症的可能性会增大，因此，日益增多的痴呆症患者的需求问题变得非常紧迫。虽然在 65～70 岁的人群中仅有 2% 患痴呆症，而在 70～80 岁的人群中这一比例上升为 5%，在 80 岁以上的人群中则进一步上升为 20%。目前英国有 75 万人患有痴呆症，预计到 2010 年这一数字将增至 87 万，到 2050 年将突破 180万。全世界有接近 1800 万人患有痴呆症，这一数字到 2025 年将上升至 3400万（Alzheimer's Society，2000）。

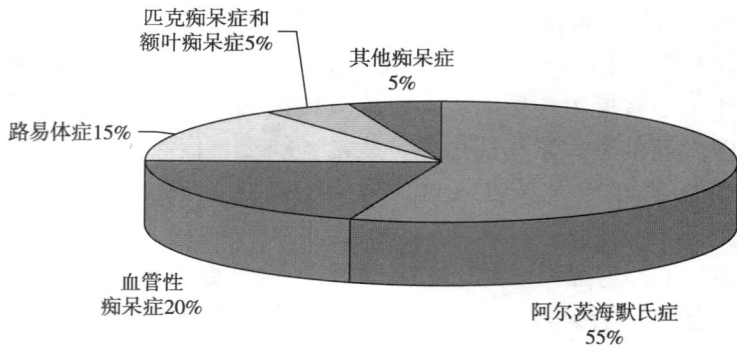

图 2.5 能够诱发老年痴呆病的几种主要疾病 (Shibu Raman 绘制)

痴呆症是不可逆转的不治之症，并遵循缓慢渐进的认知能力衰退的发展模式，且有体力衰退现象伴随出现（Goldsmith，1996；Perrin and May，2000）。它本身并不是一种疾病，而是由许多疾病所引发，这其中阿尔茨海默氏症（Alzheimer's disease）是最为常见的诱因，其次是血管性痴呆症（vascular dementia），路易体症（Lewy body disease），匹克痴呆症（Pick's disease）和额叶痴呆症（frontal lobe dementia）（Alzheimer's Society，2000）。

这些疾病会导致老年患者的认知能力、行为模式以及个人性格的改变。多数患有常见的痴呆症的病人——例如阿尔茨海默氏症，血管性痴呆症，路易体症患者——最初阶段病症导致其大脑后部损伤，并引起认知能力下降，例如空间和记忆的问题，病人思想混乱，分辨不出方向。接下来的阶段病人会发生行为模式上的变化，例如无法处理日常生活的事情，同时会产生个性或情绪上的变化，例如容易激动、焦虑、沮丧，对环境非常敏感。少数患有额叶痴呆症和匹克痴呆症的病人最初表现的是人格上的改变，他们丧失洞察力，失去方向感，并有记忆问题。尽管不同病症有不同表现，"设计中不同点并没有相似点那么重要"（Calkins，1988）。对多数人而言，在患病的初级到中级阶段里长期记忆依然是敏锐的，而短时记忆能力则非常不好：他们能清楚详细地记得童年趣事，但却不能说出今天做过什么。除此之外，老年痴呆症患者也会出现正常老龄化过程中的其他症状，例如身体脆弱易受伤、感官功能损伤、身体灵活性下降、力量减弱等，而老年痴呆症会加剧以上症状更加严重。

一位受访者能够非常清楚地描述自己的记忆问题：

"与我的长期记忆相比,我的短时记忆非常不好。如果我写东西的时候我的猫打扰了我,我会忘记我正要写些什么。最近更为严重的是,我常常把茶壶放进卧室!而不是厨房!"

因为这位受访者正处于老年痴呆症的早期,他仍然能够记得这些事情。但是随着病症的发展,他对最近事情的记忆力以及对物体名字的记忆力将会逐渐变弱。一位处于痴呆症中期的受访者沮丧地向我们描述自己能力变弱的现象时说:

"我经常听说很多关于变老的事情,这就是其中的一件,你知道,你不能⋯⋯呃⋯⋯哦,嗯⋯⋯不能把这里知道的东西(她拍了拍自己的头)通过自己的嘴说出来,就像它们消失了一样!哦,天哪!"

我们对一位中期痴呆症患者进行了外出监护,发现她已经丧失了对建筑物名称及特色的记忆能力,但她仍然能够清楚地说明它们的用途。例如,她把医院描述成"人们生病"的地方,形容公寓楼是"人们在那里生活,那里不是平房",并知道地下道是"我们去地下"的地方。

在设计不佳的环境里,空间方向感差的人要非常非常地努力,才能了解环境是什么、找到自己的路、记得自己要去哪里,在迷路时才能及时发现并重新找到正确的路径。短时记忆的丧失将会导致患者迷路的机会增多,因为他们记忆街道名称和选择线路方向的能力在逐渐降低。并不是说所有痴呆症患者都没有学习新知识的能力了,他们也能记住例如居民区附近新修的道路,但是这种记忆不会成为永久记忆,除非他们在这条路上多次地往返,多次看到路名,定期进行记忆刺激才能真正记得住。

早期痴呆症患者一般来说能独立应对日常生活,具备独自外出的能力。中期痴呆症患者则需要一些帮助才能处理洗澡、做饭等日常生活事务。Aricept、Exelon 和 Rem – inyl 都是一些新药物,它们能够提高早期和中期痴呆症患者的身体机能,延长其独立生活的时间,但其缺点是药物稀缺,并不普及。另外我们还可以推广一些技巧来帮助他们,例如制作患者外出的固定线路上熟悉场所的列表来帮助记忆(Patoine and Mattoli,2001)。晚期老年痴呆症患者的脑部大范围损伤,无法独立生活,他们需要有人一直照顾(Alzheimer's Society,2000)。

2.2　无处像家

不论是在痴呆症的影响下还是在正常的老龄化过程中，老年人往往要经历一个渐变的过程，随着身体机能的下降，他们的体质越来越虚弱，其独立性和生活方式都受到越来越大的限制。许多国家的政府部门都在提倡增加社区范围内对老年人的照顾，使他们接受社会健康保健服务，能够尽量多地留在自己的家中而不用搬到养老院中。调查显示大多数老年人都希望留在自己的家中，当衰老或病患使他们的生活出现变化时，熟悉的家和熟识的邻居对他们而言非常重要，这能够帮助他们维持一定程度的自主性、私密性和稳定性（Axia et al，1991；Burley and Pollock，1992；Laws，1994；Marshall，1998）。

对于患有老年痴呆症的人来说，"遵循熟悉环境中的固定路线"是非常重要的（Patoine and Mattoli，2001，p. 11）。统计显示约有80%的老年痴呆症患者住在家里，其中约1/3的人患有严重的痴呆症，1/4的人独居（DSDC，1995；Audit Commission，2000）。从熟悉的环境里迁出会给患者带来思绪上的混乱，还将进一步降低他们应付问题的能力（Fogel，1992；Goldsmith，1996）。Baragwanath 1997年发现，如果老年痴呆症患者搬到不熟悉的环境（例如康复中心或医院）中居住，他们会极其焦虑，没有方向感，受伤的几率比在自己家中大得多。而自己的家是熟悉可靠的，在家里居住不会令他们感到混乱有压力，这保证患者维持对生活的控制力，并能保持与原来的邻居和朋友的关系。正如Fogel（1992，p. 16）说的："对于脑损伤较为严重的人来说，留在家里可能格外地有意义，家是被缺失所威胁的情感世界中一个不变的常数。"因此，外环境设计中的要点是满足痴呆症患者的需求，成功地使他们在自己家中生活而不需搬到护理中心去；而其他人也将从中受益，因为这种适合痴呆症患者使用的环境是易于使用便于理解的。

另外，即使患者决定搬到护理中心去住，仍有一个大问题需要解决，那就是护理中心的供不应求。在发展伊始英国私有化的痴呆症患者护理中心数量呈上升势头，但统计数据显示，过去几年中关闭的护理中心的数量已经大大超过了新建的数量。英国2001年有13100家康复中心关闭，到2003年4月有13400家关闭，到2004年4月这一数字又上升了9600家（Laing and Buisson，2005）。而人口进一步老龄化，老年痴呆症患者的数量也将相应增加，除非近期有大量投资来支持康复中心的兴建，否则这一形势会进一步恶化。

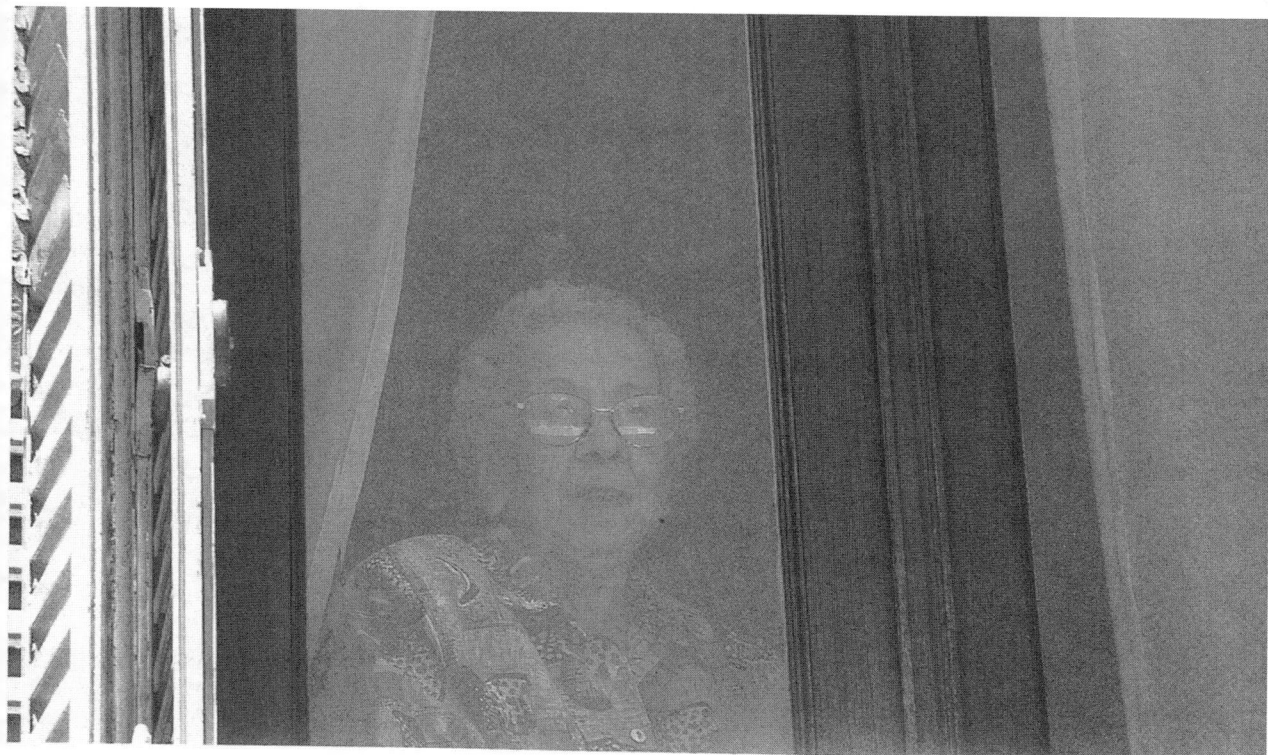

图 2.6　如果街道设计不能满足老年人的使用要求，那么很多老年人（尤其是身体虚弱的或者患有老年痴呆症的）实际上将等于被"困"在家中

　　身体机能不断下降的人要忍受比以前质量差的生活，这一点已经被太多的人认为是理所当然的了。2005 年老龄救助中心宣称，有 100 万老年人感到自己被困在家里，他们向往新鲜空气、外出锻炼、社会，甚至认为只是出门站在人群中都是积极有用的。本书第 1 章提到的安宅一生项目和智慧住区计划有一些共同点，即为居住者家中安装辅助技术设施，例如提醒他们关掉燃气的报警器，当他们跌倒时会报警中央反应器，这些帮助人们安全、轻松地在家里居住。但是，只有他们能够同样安全、同样轻松地进行户外活动，他们才能消除"被捆绑在家里"的感觉，尤其是对于患有老年痴呆症等精神损伤的人而言。

　　老年痴呆症患者特别需要定期进行心理上和生理上的锻炼，以保持他们身体和思想的活跃性。无论他们出于什么原因不愿走出自己的住房，这都将导致一系列更为恶化的结果：生理上的衰弱、孤独感的增加、自尊心的降低、独立性的减弱等，患者在生理和心理上都会更脆弱。正如 Robson（1982，p. 265）描述的那样：

> "即使到户外去只是例行公事，这对于痴呆病患者也是至关重要的，它甚至可以帮助他们保持独立和自尊。"

下一章将继续介绍对我们的受访者来说，到户外参加活动是多么重要。

第 3 章

老年人对社
区街道的
感知

本书第 1 章中曾提到一项关于老年痴呆症患者对居住街区的满意度调查，本章将就其调查结果展开进一步的研究，将通过对痴呆症患者和非痴呆症患者群体的比较进行数据统计。要研究如何设计适合老年痴呆症患者使用的街道，就首先要了解老年人与街道的关系如何，他们何时外出、为何外出，他们关心的设计要素是什么。

3.1 老年人如何、何时及为何使用社区街道

令我们感到惊讶的是，调查显示，无论是否患有痴呆症，大量的老年人都会经常性地外出。当然，可能部分原因是我们仅仅采访了仍能经常或偶尔外出活动的病患。但可以肯定的是，大部分老年痴呆症病患和所有的非痴呆症病患都是单独外出，而且这一外出的比例每天都在半数以上。

调查中我们询问他们常去哪里，访问结果如下（按降序排列）：

老年痴呆症病患	受访者百分比(%)	非老年痴呆症病患	受访者百分比(%)
商店	95	商店	100
邮局	85	保健医门诊	92
无目的闲逛	70	邮局	80
拜访朋友	45	教堂	68
保健医门诊	40	无目的闲逛	68
拜访亲戚	35	拜访朋友	56
公园	25	公园	36
教堂	15	拜访亲戚	24

对于患者和非患者两种人群而言,商店都是他们最常去的场所——几乎所有受访者会外出购物,另外,邮局也是一个他们常去的地方。很显然,也有很多老年人会无目的地外出闲逛。

大约半数的受访者定期探访朋友,走访亲戚的较少,这可能是因为亲戚大都不住在附近。接近半数(40%)的老年痴呆症病患和部分非患者(20%)表示他们的亲戚生活在附近,然而超过半数(60%)的老年痴呆患者和几乎所有的非患者(92%)都有朋友住在附近。也有许多人不串门,他们的朋友或亲戚来拜访他们,因为这样更方便。

就外出的目的地而言,老年痴呆症患者和非痴呆症患者有两个明显的差异:

1. 一般来说,老年痴呆症患者避免进行诸如访友或做礼拜等具有社交性质的活动,他们更愿意做一些相对简单、不需要过多社会行为的活动,例如到街角的商店购物或者去邮局寄信。

2. 在外出一次会去造访多少个地点的问题上,老年痴呆症患者明显低于非老年痴呆症患者,他们很少造访一个以上的地点(受访者中仅有25%的老年痴呆症病患能够在一次外出的行程中访问一个以上的地点,而正常人这一比例则达到了88%)。

相比正常人而言,老年痴呆症病患者身体方面受外部环境的限制更多,因为他们不能开车,也不能使用公共交通工具,他们能去的地方很有限,只能在家附近的步行距离以内。

图 3.1　无论是否患有痴呆症，几乎所有的老年人都经常外出购物

3.2　老年人对社区街道的感受

我们的调查显示:老年人外出时有多种不同情绪,而且不同日子感受不同。但显而易见的是,大部分人外出时都很享受,无论他们是否患有痴呆症。在接受访问时大部分人用"享受"一词来描述自己外出的感受(痴呆症病患者和非痴呆症病患者中有这种感受的各占 60%);他们还普遍感到"高兴"(痴呆症患者一组的比例为 15%,而非痴呆症患者的一组则为 12%)、"舒服"(痴呆症患者一组比例为 40%,非痴呆症患者一组为 12%)以及"安全"(痴呆症一组比例为 15%,非痴呆症一组为 16%)。以下引用了一些受访者的话,从中能看出他们积极的感受:

> "我感觉棒极了,我想在户外生活!"
>
> "我喜欢出门——如果不能出门我感觉糟透了!"
>
> "如果不能出门我会感觉自己患上了幽闭恐怖症!"
>
> "我很喜欢出去走走。"
>
> "我开心!"
>
> "像我们现在这样多好! 你知道,能够到这么美好的地方散散步,或者只是……只是……在附近闲逛,然后回家,噢! 多舒服啊!"

尽管负面情绪不太常见,但受访者外出时也存在以下情绪:

- 焦虑;
- 恐惧;
- 厌倦;
- 惊恐(当患有痴呆症的病人面对宏伟壮丽的建筑时这种感觉尤其明显);
- 迷惑;
- 尴尬(尤其是迷路时);
- 寂寞。

最常见的负面情绪是焦虑或恐惧。有的人因为夜间外出或到不熟悉的环境而恐惧,更多的人是因为健康问题而害怕外出,例如步伐不稳或视力低下——他们害怕自己跌倒,或者被自行车、滑板及鲁莽的人撞倒。他们说环境里的很多因素令他们感到外出是一件困难的事情——步道路面不平、座椅稀少、自行车在人行路上穿梭、道路坡度过大等。他们也提到一些社会服务的缺陷和自我心理的障碍,例如社区小商店倒闭,糟糕的公车服务,以及害怕受到攻击或者走失。

走失会引起不同人的不同感受。对一些人来说这非常可怕———一位受访者说："对我来说，迷路是一件极其恐怖的事情———我真的找不到路了！我感到非常害怕，我吓得连头发都竖起来了！"对大部分人来说迷路并没有那么恐怖，反而是令人感到尴尬，一位受访者说："迷路时我感觉自己像一个傻子！"一些老年人喜欢无目的地外出，然而大部分人则称他们只在有特殊事情或特殊理由时才外出。

老年痴呆症病患和一般老年人在心理上的感受差异主要在于：

1. 在接受访问时，与正常人相比，患有痴呆症的人更少提及外出时面对的种种困难。

2. 极少数痴呆症患者提到自己面对的困难时侧重于描述身体的损伤，例如步态不稳或视力低下；而对陪同他们一起散步的人进行的调查却显示，老年痴呆症病患外出时也面临着一般老年人所描述的相同问题，但他们自己却没有注意到。

3. 在我们进行的监护调查中，非痴呆症患者外出时没有一人表现出焦虑、困惑或者恐惧，然而，大约半数的痴呆症患者会在不清楚行走路线时产生焦虑和困惑，或者被突然的噪声弄得心神不宁。

3.3 老年人如何解读街道环境

接受采访时坦陈自己曾迷路的痴呆症患者的数量大大少于正常人；然而陪同他们一起外出的调查者发现他们当中很大一部分人事实上都曾迷路。在所有调查中没有任何一个非痴呆症患者迷路，但却有1/3的痴呆症患者走失。

老年痴呆症患者需要加倍努力才能理解建筑的功能、入口的位置，要理解人们在不同场合中的意图也比正常人要花费更多的心思。如果设计带有一定的特征，他们就能辨认出不同的场所、街道和建筑物。调查显示，风格是传统或是现代并不重要，而场所的使用功能则非常重要，如果他们知道使用功能，则能够保持较长时间的记忆；同时，在患上老年痴呆症后，如果患者仍能够经常性地获得记忆刺激，他们也会保持长时间的记忆。

图 3.2 一些建筑物所呈现的外观与其实际功能差异较大,这会令老年痴呆症患者感觉混乱

3.4　住在社区中的优点

调查中我们发现，对许多老年人来说外出都是一件极其重要的事，而究其原因则大不相同。归纳起来，大概有以下五点：

自由和自主

一部分受访者说，"外出令我感觉能控制我自己"以及"在外出那段时间我感到整个世界都属于我"，这显示了外出对于他们而言是何其重要。一些患者已经丧失了很多身体机能，唯一令他们感到慰藉的就是外出，因为这时他们感觉自己仍然能够控制自己的生活，能够自主地选择外出的目的地，并能成功地完成这一小段旅程。

尊严和自我价值的认知

也有一些受访者表示，哪怕只是寄信、买报纸、遛狗这类的小事，他们都看成这是"有用的事"，自己能够完成它们给他们带来了强烈的自我价值的认知。很多人都认为身体机能的老龄化是很丢脸的，特别是对于老年痴呆症患者，老龄化会令他们感觉自己失去了价值和自尊。能够到街上走走，看看社区街道上都发生着什么，完成这种简单的任务对于帮助他们恢复尊严、恢复自我价值的认知具有十分重要的意义。

新鲜空气和身体锻炼［身体健康层面］

许多受访者说自己出门的目的是为了呼吸新鲜空气并进行身体锻炼。例如，一位受访者说："我喜欢到街上散步，我总是觉得能出门走走，呼吸一下新鲜空气令我感觉很好。"很多老年人跟他一样，出门并没有特别的出行目的，只是到街上逛逛。研究人员对他们外出散步进行过程监控时都对他们的表现感到惊讶——他们能够自己决定到哪儿去、走多远，他们居然能连续两个小时一直步行，有人居然能上下台阶和穿越野地。

为了新鲜空气和身体锻炼，这些当然很重要，但这也间接促进了他们身体上的健康和精神上的愉悦。

心理上的愉悦和享受［心理健康层面］

喜欢外出散步的另一个原因是能够获得心理上的愉悦和享受。

图 3.3 对于患有老年痴呆症的人来说,即使外出是一件非常简单的任务,能够完成它对自我尊严的恢复也是一种莫大的鼓励

访谈中一位老人热情地说:"太阳真的很温暖,是不是?你感觉到了吗?它很香。"统计表明,居住在疾病护理中心的老年人患抑郁症的几率相对较高——这有可能是与他们失去社区环境、无法外出交往相关。老年人都很喜欢自然、树木、植物和野生动物,从对他们散步的监控过程来看,很显然大部分老年人都能注意到环境中这些因素的存在,一些人还会利用树木和植物

图 3. 4　到户外活动对老年人而言有很多益处

作为路标来辨别方向。通常他们也会对建筑物有所印象，他们会利用教堂和高塔这类建筑辨别方向。

社会交往

一位受访者说："在街上或商店里遇到认识的人一起聊聊天，这是一件很美好的事情。"外出为老年人提供了很多种社会交往的可能，除了拜访亲戚朋友这种事先计划好的社交活动以外，他们也可以在街上跟邻居或超市老板闲聊，与其他人一同享受公园的康乐设施。这种社交活动可以是一小段闲聊，

图 3.5　老年人尤其喜欢在自己居住的社区里能看到不同的绿色植物

或者只是一句问候、一个微笑，但是对于老年人特别是独居的老年人而言，这种社会活动非常重要，这使他们真正地接触到了外面的世界。

图 3.6　外出给老年人创造与其他人会面的机会

3.5 常见问题和设计宗旨

在调查中我们询问老年人外出时是否有任何困难。现将他们的答案划为五种不同的类别(按比例多少的降序排列):

困难	比例(%)
无困难	40
步行障碍	25
担心跌倒	23
穿越马路困难	10
担心走失	2

接近一半的受访者根本无法指出自己外出时存在任何困难,但在那些他们指出的困难中,步行障碍和担心跌倒是他们所关心的主要问题。我们认为,"步行障碍"一方面源于受访者自身的身体缺陷和残疾;另一方面是因为社区环境中坡地和台地过多。也有一些人说"步行障碍"是因为社区里商店、公交车站和公共设施离家太远,而且在外出散步的过程中缺乏足够的座椅设施以供中途休息。与此类似,"担心跌倒"一方面是由于受访者自身视力不好或身体虚弱,同时也要看到道路不平、路面湿滑、人行路上自行车的穿越、道路表面缺乏防滑护垫等原因也是造成人们跌倒的多种原因。受访者也认为横穿马路非常困难,危险的超速驾驶、严重的交通堵塞令过马路变得难上加难,老年人在不正确的地方乱过马路也是造成这种困难的因素之一。

我们也询问了他们认为室外环境应怎样改进,他们提供了很多有趣的和有用的想法和观点,大致可归纳为以下几类(按降序排列):

改善建议	比例(%)
设置更多更清楚的标识	14
更好地维护人行道	14
设置更加安全的马路穿越地点	10
设置更多的座椅	9
取消人行路上的障碍物(例如建筑材料,停泊的车辆等)	7
设置更好的公交汽车站	6
减少水平高差或优化坡道设施(例如在坡道上两旁设置扶手)	5
设置较为平缓的表面(取消木板或鹅卵石等颠簸不平的铺装)	3
设置更多更好的垃圾箱	3

续表

改善建议	比例（%）
设置更多更好的道路高差标识	3
设置更多厕所	3
缓解交通（按休闲标准）	3
设施多样有特色的建筑物	2
禁止自行车在人行道上通行	2
设置更多的公共设施及汽车站	2
设置更宽的人行道	1
在人行横道处设置清晰的图示和声音系统	1
增加照明系统	1
没有建议	9

图 3.7　老年人普遍担心的是道路凹凸不平或者表面维修不善会导致他们跌倒

图 3.8　改善街道识别性的最常见方式是设置清晰的标识系统——如图所示,图过小或者位置过
高会令老年人难以理解标识的意义

　　显然，尽管维修破损的人行道步道板和修整生长过长的树篱看起来可能过于基本和简单，但能够好好维护这些就可以对老年人提供关心；这些固然属于公共设施维护体系，并非设计层面的事情，但设计简单易维护的街道设施就是设计者所能做到的。设计者应关心的关键问题是应在设计阶段就充分考虑如何为老年人提供明显的标识、通道和座椅，这才是行之有效的办法。

第二部分

生活街道——
　　　怎么做？

导言

本书以两个简单的事实作为前提：一是每个人都会变老；二是为了老年人能够使用、理解和享受社区街道而进行的室外环境设计能够使所有年龄段的人都从中受益。换言之，只有创造出连老年痴呆症患者都能够有效利用的街道生活环境，我们的室外街道和公共场所才能真正地做到以人为本。

在第二部分我们将着重解释什么是创造"生活街道"合理和必要的设计因素。我们的研究结果是基于从前没有人做过的基础性研究得来的：我们认为，室外环境设计中有六项设计基本原则：即街道空间的熟悉性、易读性、独特性、可达性、舒适性和安全性。

第4章到第9章将依次针对以上的6项原则展开讨论。每一章开篇都有反映本章设计原则的核心词语的简短定义，进而解释这一原则是如何影响老年人在生活中使用和享受生活街道的。每一章都通过问答的形式概述街道设计的方方面面，这些可以帮助我们肯定这些设计原则并展开讨论，从而提出具体的设计策略。需要注意的是，这些原则是相互依存、相互支撑的，它们具备一些共同点，因此会导出相同的设计策略。

熟悉性

4.1 熟悉性对生活街道的重要意义

熟悉性的含义

熟悉性是指老年人对社区环境、街道、建筑等的辨认和理解程度，这种辨认和理解程度需通过老年人所熟悉的设计形式、开放空间、建筑物以及空间特色等设计要素长期建立，应具有一定的层次感。

在室外环境设计中熟悉性如何影响老年人

认识到自己身在何处

多数环境设计符合一定的模式，并且符合人们对特殊空间设计内容的一般期望。举例来说，进入超市的人通常期待看到装满待售食物和居家用品的成排货架，以及在收款台旁排队结账的人们。如果这些期待与现实不符，人们就会感到极度的困惑（Zimring and Gross，1991）。护理中心的内部环境设计导则强调，熟悉的设备对于防范和化解老年人的迷乱和困惑而言非常重要。一般说来，小型家庭式护理中心的内部设计要比专业的医疗机构更强调环境的熟悉性和易理解性。卧室、浴室和起居室都要参照老年人居所的样子设计，其尺寸、布局、装饰、家具、陈设等的相似都能够帮助

图 4.1 人们对于主路上的场景有大概的心理预期

老年人建立熟悉的感觉,能够明白不同物体的位置和使用功能,也能理解不同房间及护理单元的功能,这些有助于逐步减少老年人沮丧和焦虑的程度。如果读者对适合老年人的室内设计有兴趣,可以参阅 Mitchell 等人的著作(2003)。

第 2 章我们讨论了熟悉的家庭环境对于减少老年人的困惑和帮助老年痴呆症患者保持其独立性均具有非常重要的意义。那些老年人所认同理解、所熟悉的户外环境,能够非常有效地帮助其解决目标混淆和记忆

图 4.2 人们对于辅路上的场景也有大概的心理预期

丧失等问题，对于空间方向感混乱的老年人来说这种熟悉的户外环境则格外重要。例如，人们普遍认为城市和乡镇应该有一个中心，它可以是公共广场、纪念碑或纪念馆；城里的主路往往较宽，车行、人行交通量大，街道两旁的建筑在两三层以上，底层是各种商店，而上部则是办公或住宅用房；而辅路应该更窄一些，更安静且适宜居住。当人们居住的街区符合了以上的预期，它们就成为了老年人熟悉的、可以理解的环境，这将帮助老年人理解自己身在何处以及周围的建筑和设备都是做什么用的。

对于大部分人来说，在一个地方生活的时间越长，对社区环境及其组成部分也就越熟悉，包括区域形态、街道布局、可选路线、服务点位置、设备设施、步行系统、街道小品等。在我们的调查中没有任何一位老年痴呆症患者能够自己开车，而且大部分人只有在有人陪同的情况下才会使用公共交通工具。这意味着他们独立外出时只有一种选择——那就是在住所周围很近的范围内散步。一些老年人居住在设计欠佳的社区里，他们的生活质量因此受到了不利的影响；但是无论是否患有老年痴呆症，绝大多数受访者都认为自己外出不迷路的原因是很少去自己居住社区以外的地方，而且除了规律地重复住所周围的短途路线以外，他们很少有其他的目的地。一位老年痴呆症患者解释说："这个地方我已经习惯了。我了解它，并且几乎每次都去同样的地方。"在我们对老年痴呆症患者外出散步的监控过程中，这一点得到了证实，如果他们试图选取一条相对不熟悉的路线，他们往往就会迷路。

然而我们的研究同时发现，只有通过在同样的街道上散步、有规律地见到相同的建筑和环境要素，那些患有短期记忆问题的痴呆症患者的认知能力和记忆能力才能不断地被加强。与正常人不同，老年痴呆症患者对生活街道上的改变很不敏感，当他们的确注意到某些改变发生时，他们更多流露出来的是困惑和迷惘。

理解周围的环境

正如人们对不同场所的样子有一定的心理预期一样，他们对商店、办公楼、住宅等不同功能不同的建筑外观也有一个总体的视觉预期。如果设计符合他们所熟悉的视觉类型，即使是第一次见到，痴呆症患者也能够理解这些建筑的用途；但如果设计含糊不清或者看起来很不熟悉，他们就无法理解其功能。举例来说，传统建筑的主入口往往面对大街，清晰可见，而现代建筑的入口却常常不在主街上，行人路过只会看见空白的立面，几乎没有任何线索说明建筑的功能和建筑入口的位置。在这种设计含混不清的情况下，老年痴呆症患者将更难理解不同空间的性质和用途，也分不清"公共"和"私密"，这可能会导致他们误入私人场所，或不情愿进入公共场合。

对痴呆症护理设施设计的调查结果显示，老年痴呆症患者通常不能理解现代的设计，或者会曲解其用途。比如说，很多人都不能弄清如何使用滑门和旋转门，因为它们不像"正常"的门一样靠合页铰接而前后摇摆开合。痴呆病患者也可能认为所有的玻璃门都是窗户（AIA，1985）。

图 4.3　许多现代建筑都以空白立面示人，人们难以判断其使用功能，也不知道入口在哪里

　　大部分参与调查的痴呆病患者都无法分辨出街道上那些现代的小品功能是什么，例如电话咨询服务站、巴士站和公共长椅，即使能辨认出其功能为何，他们仍愿意使用传统风格的街道小品。公共电话亭就很好地证明了这一点。传统的红色 K6 电话亭是受访者最喜欢最欢迎的样式，这有以下两个原因：第一，他们对 K6 长时间的熟悉性；一位痴呆症患者说："我熟悉它，我一生都认识它，它给我的感觉就是舒适。"很多健康者也有类似的观点，其中一位说："我更喜欢这种样式，因为它感觉熟悉，我以前就用过这种样子的电话亭。"第二，K6 电话亭成为最受人们欢迎的电话亭样式的原因是其功能非常明显；正如一位痴呆症患者所说："它很熟悉，也很实用，它没有把自己伪装成别的东西，而就是一个电话亭。"有一件有趣的事值得注意，K6 电话亭

图 4.4　老年痴呆症患者常常看不懂现代风格的设计，或者不理解其使用功能

上写着简单的单词"电话",而很多现代感十足的电话亭或电话咨询服务站则用了很多语义模糊不清的文字和符号来作为标识,这也许是造成混乱的一个原因。

关键是,老年人喜欢传统的设计并不只是因为传统的设计看起来更熟悉或更好看,其实他们常常无法理解现代的设计产品到底是什么;而调查中的健康人也会避免使用更先进的功能,这是因为他们担心会不知道如何使用它们。

在研究中我们考虑过是否能找到某种符号,能够成为老年痴呆症病人能看懂的替代标志。然而,当我们向受访者展示一张信息服务台的照片时,无论痴呆症患者或健康者都告诉我们他们从来没有看到过这种标志。许多人试图回忆它到底代表什么——老年痴呆症患者的答案有,"我没有任何线索","这到底是什么?我从来都没看到过"。只有一名患者拼命回忆,虽然收效不大,但她说:"这可能是什么呢?可能是'点子'吗?有任何点子吗?"许多正常人也像老年痴呆症患者一样拒绝不熟悉的东西,例如,一位受访者说,"我看不出它是什么,我不知道。"但即使他们从未见过这图片,许多正常人也能够判断它的含义:"虽然我不知道它是什么,但是我猜——是'信息'吗?"是的,正是。当然,这很有可能是因为很多受访者见到过这个信息服务台的标志而没有过多留意,毕竟这不是他们日常生活的必要部分;但是这说明,既不熟悉又不清晰的标识对老年人来说基本没有作用。

调查中我们还向受访者展示了一张理发店螺旋条纹相间的招牌柱的照片,调查结果显示,非痴呆症患者都能够认出这个招牌柱,而且知道它代表什么,一位老人说:"毫无疑问,那是理发店的标志。"然而,很少有老年痴呆症患者能够判断出它是什么,有点恐怖的是,其中两位甚至认为它是横穿马路的标识,其中一位说:"我记不清了。它是不是跟横穿马路有什么关系?"这有力地证明了我们的一项研究成果,即老年痴呆症患者仅仅在有规律地路过某些场所、街道、建筑和环境,并对其很熟悉后才能记住。螺旋条纹相间的招牌柱在今天已经并不多见,正如一位非痴呆症患者指出的,"年轻的一代很可能根本不知道它代表什么",它不会规律性地出现在老年痴呆症患者眼前来强化他们的记忆。另一个有趣的发现是,老年痴呆症患者相对更不愿意理解不熟悉的事物或根本无法理解,因此符号的设计特征必须明确、毫不含糊,为了更实用,应该按照老年人熟悉的风格进行设计。关于标识的设计我们将在第5 章中进行具体的阐述。

图 4.5　很多人都知道图中的红盒子是传统的 K6 电话亭，因为它的形象深入人心；但是为了防止仍有人不认识，这种电话亭的每个立面的上方都用大号的字体清晰地标示出——"电话"（TELEPHONE）

图 4.6　这个现代感十足的电话亭却充满了令人混淆的设计和不熟悉的标识、
符号

图 4.7 信息服务台标志——被受访者误解为"有点子吗?"(Shibu Raman 拍摄)

4.2　如何创造具有熟悉性的街道空间

有助于创造熟悉性街道的外环境因素

街道

对于修建的比较早的街道来说，保持其原貌是很重要的，如果要对其进行改造，设计中应尽量少改或者逐渐增加改动量。改善和提高现存环境比大规模地改动更有利，因为后者往往会引起老年人迷失方向、困惑和焦虑，尤其是那些对生活环境认知较少并依赖环境持续的刺激才能有所认知的老年人。在新街区的开发中，当地形式、样式及材料的使用都将帮助老年人对新的街区产生熟悉感。

从主街、辅路到小巷、过道，维持或设计一个熟悉样式的街道层次体系提供了一幅清晰的地区全景，对每种街道样式的设计都提供了技术支持。

建筑和环境特点

设计中公共建筑和主入口应面向主街，清晰可见，便于老年人识别和理解，采用地方风格和材料的门窗等建筑要素有助于实现这个目标。并不是说我们只推崇传统的设计和风格；相反，我们认为只坚持传统样式的设计将非常单调，而且这割裂了包容性设计中大量现代设计所起到的至关重要的作用。举例说来，对于轮椅使用者、推婴儿车或手推车的人、提着沉重行李的人、虚弱者等人群而言，推拉门具有很大的帮助作用，如果能同时提供平开门和推拉门则是非常理想的设计。对于现代风格设计的重点是保证其为人所熟悉、不咄咄逼人、容易被老年人理解；运用熟悉性概念将使设计的包容性更强，更适合老年人使用。例如前文提到的 K6 电话亭，如果保持其传统的风格而加入现代的门插销，就会形成便于老年人使用的方便开关。政府相关部门对此也有相应的政策：

> 将细节设计风格简单地归咎为"传统"或"现代"是一种危险思想。对于风格的辩论将引发一系列相关的高质量设计的挑战。传统的材料和理念也可以通过完全现代的方式来应用和表达；反之，新材料和尖端的建造技术也能用于创造舒适尺度的建筑，并适当地反映传统的风格（DTLR，2001，p.74）。

61

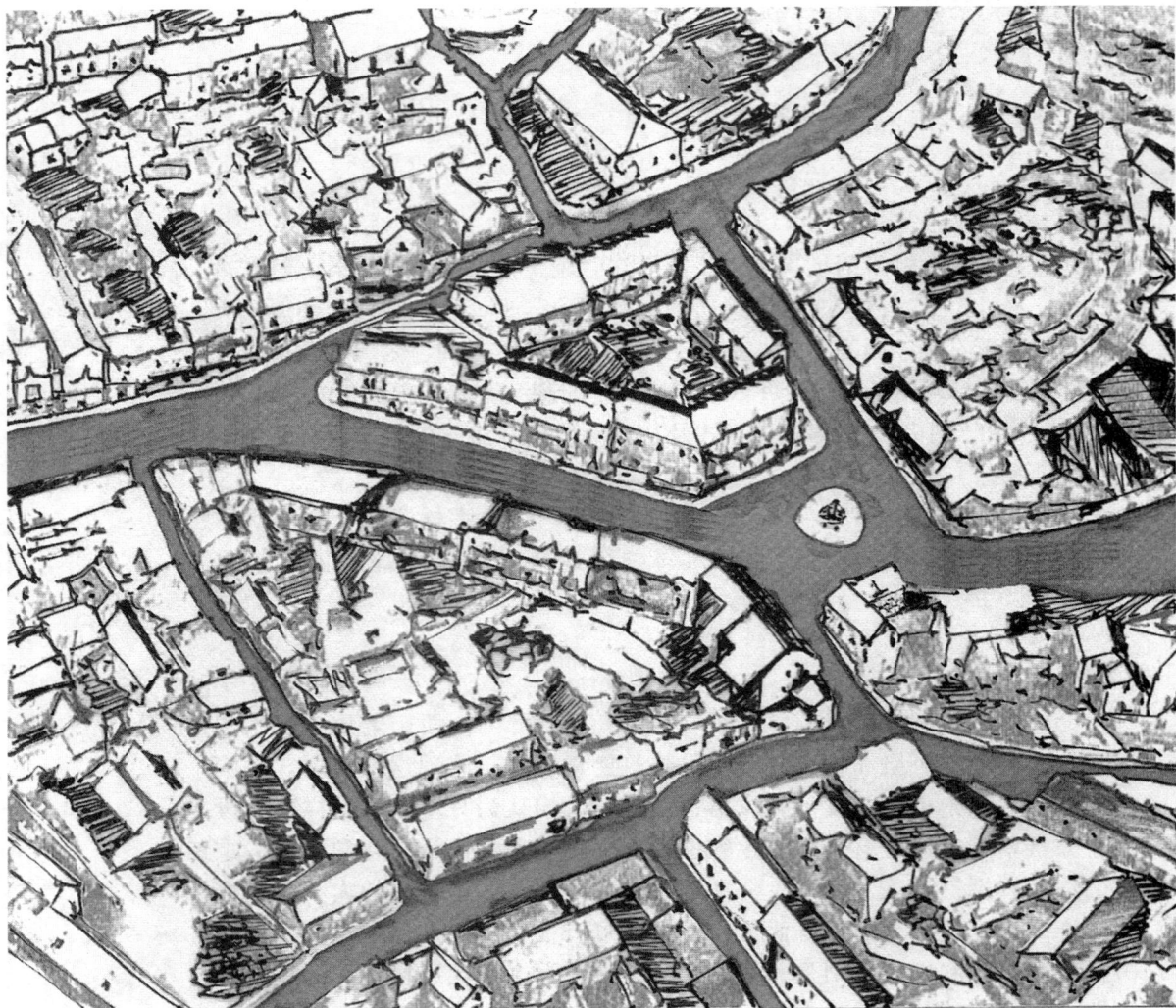

图 4.8　具有熟悉性的街道层次将勾画出该地区的清晰图景（Daniel Kozak 绘制）

生活街道的熟悉性设计策略

- ■ 街道、开放空间和建筑物是长期、逐渐建立起来的。
- ■ 任何改变，都是小规模的、渐进的。
- ■ 新规划、新开发应采用地方形式、风格、色彩和材料。
- ■ 街道样式应富有层次，包括主街、辅街、小巷和便道。
- ■ 场所和建筑应按照老年人熟悉而易理解的原则设计。
- ■ 建筑物和街道小品应按照老年人熟悉而易理解的原则设计。

第 5 章

易读性

5.1 易读性对生活街道的重要意义

易读性的含义

"易读性"是指街道环境能在一定程度上帮助老年人明确自己的位置、确定自己的路线。具有易读性的街道路线明确、节点明晰，带有简单而清晰的指示系统，并且具有分明可见的特征。

在室外环境设计中易读性如何影响老年人

寻路

除了本书的研究外，几乎没有任何研究关注老年人和老年痴呆患者是否具有户外寻路和辨别方向的能力。以往的研究往往是在实验室中进行的，其结果常被认为是与实际情况互相矛盾的，而且并不一定能清楚地描述出现实世界里人们真实能力的情况（Cornell et al, 1999; Kitchin et al, 2000），但截至目前，这类研究仍然在实验室中进行着。对老年人辨别方向能力的技术研究几乎都聚焦到了室内活动中，例如 Passini 等（1998, 2000）和 Wilkniss 等（1997）就都专门针对室内环境进行过非常系统的研究。

本书第 4 章中曾提到受访者把他们不会迷路的事实归咎于一个事实——

他们将自己的户外活动限制在熟悉的社区范围内。不过调查显示，大部分没有患老年痴呆症的受访者也需要使用某种形式的寻路技术，而这往往是一种潜意识的自觉活动，并非可以使用的技术。

1. 地图和方向

一些受访者有寻路障碍，他们很少能正确使用地图或通过书面描述找到社区的道路。无论是否患有老年痴呆症，大部分的受访者都认为，随着年龄的增长，用地图来找路愈加困难。一个非老年痴呆症患者告诉我们，"我真的不适合再使用地图了"。当一幅本地地图放在大家面前时，很多人都很难在地图上指出自己住处的位置，或者自己在平时散步所选择的是哪一条路线。这引起了一些人的焦虑，包括一个非老年痴呆症患者，他说："哦，看这地图，它……它令我苦恼！"

当他们在户外时，一些受访者乐于去问路，但是这却不是一个最有效的策略。他们既怀疑自己所获得信息的真实性，又怀疑自己是否真正理解了别人所说的，同时还担心自己记不住，无法辨别方向。

2. 思绪地图

不管是否患有老年痴呆症，许多参与者都提到，当他们在街上散步时会在头脑中想象一个行进路线的思绪地图。关于如何这么做的描述五花八门，包括"当我走路时我近似于一直冥想"，"我的脑子里带着一张地图"，"我会想象我所经过的马路和房屋的景象"。然而，我们发现那些老年痴呆症患者很少意识到街道上的变化，这就很难知道他们散步时头脑中的思绪地图是什么样子了，是街道的旧时模样？还是改变后的样子？结果不得而知。

3. 路线规划

受访者倾向于选择位于自己居住社区中的少量目的地，并且每次外出都走同样的路线；例如：一位老年痴呆症患者说："如果我想去邮局，我就会出门右转，如果我想看医生，我就会出门左转"。也有不少人说自己外出前会提前做好计划，特别是当可选择的路线不止一条时。一些人也用路标来提醒自己道路在哪里；一个非老年痴呆症患者说，"我会事先考虑要走哪条路，比如，我认为可以先过那座桥，然后从沙坑旁穿过就可以了。"

4. 标志牌

受访者对于户外标志牌的用途及其设计有强烈的意见，那些老年痴呆症患者认为自己越来越难理解标志的意义所在了。有时标志提供的信息很含混，有的老年人甚至会不顾自己真正想去哪里、想要什么而盲目地跟随指示牌行动。我们在监控过程中发现，迷路的受访者几乎不知道所处地区任何建筑物、街道和地点的名字，有时甚至是在标志牌上名字很明显的情况下依然不清楚。

受访者认为很多指示标志难以理解，因为它们太乱了，信息量太大太复杂。他们也认为指示牌上的缩写或象征性的图形很难理解。正如我们在第4章所阐述的，风格化的标志对老年人而言是很陌生的，通常情况下他们都无法理解这些标志。一个令人倍感惊讶的例子是，与自行车道密切相关的自行车标志都没有被所有人理解，连非老年痴呆症患者都不明白它画的是什么，调查中甚至有一位老年痴呆症患者怀疑它是一幅眼镜的图片！

图5.1　标志必须尽可能地清楚和逼真

　　距地面过近、高度过低的指示牌可能会被障碍物所阻碍，比如停放路旁的机动车辆；而一些指示牌悬挂位置过高，上面的字迹太小而无法看清。人们在接受调查时表示了对步行街的指示杆和多个指向箭头的怀疑："那么多的箭头都指向哪里？这样令人觉得很混乱，而且谁知道有没有淘气的孩

图 5.2　多个指向箭头令人感觉混乱，想看懂上面的图案很难

子转过它们的方向？那样方向不就错了？"受访者对标识牌图案的尺寸过小提出了批评，同时认为如果图案样式与背景颜色间对比度不强的话就会难于认清。

A 形架（打开后侧面呈 A 字形的架子）被认为是没有什么实际用途的，尤其是如果有"太多该死的架子"会造成"过于混乱，根本不明白上面写的是什么"，因此很多受访者都批评说封锁路面造成了危险的发生。"你在此处"的标志也受到了很多患有老年痴呆症者的批评，因为它们"太复杂"、"令人迷惑"和"杂乱无章"。一些没有患老年痴呆症的人也认为这种标志过于复杂，有的人还说他们认为图形过小难以看清。

无论是否患有老年痴呆症，受访者们更喜欢简单直接、单一箭头的标志，或者设置在告示栏里，或者垂直固定在墙壁上。邮局的标志是一个非常好的标志样本，对于老年人来说它亲切、设计精良，而且非常常见。对于老年色盲患者（见第 2 章）而言其色彩设计也是很好的，要知道，红色光和黄色光是光谱中最不容易被忽略的颜色。当然，如果字体是红色而背景是淡橘黄色将更可取。

5. 路标与环境特征

很少有人使用路标和环境提示来定位，这种环境提示意味着一个特殊环境中的自然特点和建筑特征。然而监控发现，虽然受访者自己并不会主观地意识到这一点，但大多数人都会寻找或远或近的路标和其他环境特征去帮助自己确定所在位置，明确要去的地方。大多数迷路的人可以凭借着回忆和寻找熟悉的路标（比如住宅区附近的小商店）、识别环境特征（例如邮筒或喜欢的树木）来重新找到正确的路线。

迷路

采访期间大多数老年痴呆症患者告诉我们他们从未迷过路，这点令我们感到非常惊讶。由于对部分老年人外出的过程进行了监控，我们对监控师进行了采访，并发现很多患有痴呆症的受访者实际上在寻路方面是存在问题的。对于"你还没有发现你迷路了么？"这个问题的通常反应是"哦，天啊，我可从来没有迷过路"。然而很多监控师都给我们描述过这样的情景，即他们所看护的病人比预计回家的时间晚了几个小时，他们的家人要在马路上进行地毯式搜索才能找到他们，有时候甚至需要寻求警察的帮助。究竟为什么这些痴呆症患者不承认自己迷过路？我们不知道他们是不愿意承认自己身体健康有问题，还是他们由于短时记忆有问题而真的忘记了迷路了。我们的跟访发现约有 1/3 的老年痴呆

图 5.3 英国的邮局标志特别适合老年痴呆症患者辨识（SURFACE Inclusive Design Research Center 拍摄）

症患者会迷路。而非痴呆症患者则正相反，尽管其中一部分人说自己存在迷路找路的问题，但监控发现，他们不会在寻找方向这一点上有任何的问题。

有很多非老年痴呆症患者都谈到自己有时会在道路节点和交叉口等处转错方向，离开某建筑时、下公交车时也有类似行为。有很多人提起，当他们散步时会突然像在做白日梦，"思绪像在自由飞行"，因而不辨方向。其实，我们的监控发现，辨认不出方向通常是因为分心所致。分心的原因有很多，聊天时间过长就是其中一个，正如一位老年痴呆症受访者很突然地告诉我们的那样，"事实上，我迷路是由于自己说话过多"。分心的其他原因包括：被急救车的笛声、人们的喊叫声等突如其来的巨响所惊吓；繁杂的指示信息造成了过分的视觉刺激，也会导致分心。

调查中有一个有趣的发现，即迷路的人全都生活在街区结构很复杂的环境中，那里的街道横七竖八，几乎没有相贯通的街道，许多房屋都位于死胡同的终点。直达街道的缺乏令行人感到非常迷惑，正如我们在第4章谈到的，很多受访者迷路的共同原因都是选择了一条并不熟悉的路线。然而即使是在熟悉的街道上，大部分受访者面对道路交叉口时仍然会感到非常迷茫，因为在这里他们必须要做出往哪边转弯的决定。之所以道路交叉口对于他们特别的困难，是因为交叉口有很多条看起来非常相似的道路，而且在十字路口很难将每一条都看清。这一结果与采访中对于非老年痴呆症患者的调查结果一致。

很多受访者指出，如果街道较短而能够看到其尽头，这对他们来说是很有帮助的；例如很多人说："我喜欢清楚地看见我的路通向哪里。""如果街道很短的话就能很容易确定房屋的位置。"大部分受访者都反应，与又长又直的道路相比，他们更喜欢微微蜿蜒的道路。关于这一点的原因有很多，例如"蜿蜒弯曲的街道更有意思"，"这种街道变化更多"，"它提供了景观上的变化"。其实微微弯曲的街道也有助于人们保持注意力，而这对于避免方向混乱和思维迷惑都是很必要的。相对来说狭窄的街道也有利于人们集中注意力，在这里人们更接近于环境，会感到更"亲切"，不会像宽阔的街道那样给人们带来很大的压迫感。

对于老年人来说，担心迷路正是一个不出门的理由。林奇（Lynch，1960，p.4）就曾阐述过迷路对于任何人而言都是非常可怕的：

> 现代社会的大多数人都不大可能完全彻底地迷路。我们可以找人问路，也可以通过寻路装置来辨别方向——地图、街道号码、路线标志、公交广告等。但是，一旦发生迷失的情况，（即

图 5.4　连接很多条道路的交叉路口容易令人迷惑而迷失方向，尤其是连接的那些街道彼此没有什么区别时

使它很小也是一样），随之而来的焦虑甚至恐惧的感觉就证明了这与我们的幸福安康是多么息息相关。

　　这种体验对于体弱病残或者有认知障碍的人来说更为糟糕。对于没有空间方向感的人和有短期记忆障碍的人群来说，每次在社区的活动都是从一个地点到另一个未知地点的旅行。如果他们没能寻求帮助或者找对方向，难以辨认的环境会令他们感到极其疲惫不堪。

图5.5　图中所示的交叉口路标似乎是为了司机而进行的设计，行人怎么能看懂？

5.2　如何创造具有易读性的街道空间

有助于创造易读性街道的外环境因素

街道布局

　　对于老年人尤其是患有老年痴呆症的病人来说，最易辨认的街道布局形式应该是不规则的网格形态。看似不规则的网格实则创造了整体有趣的街道样式，它提供直接相连的便捷路线，非常容易理解，为人们提供清晰的视角，这比全部由 90° 急弯转角组成的规则网格体系具有更大的优势。这意味着，与十字路口相比，叉状的、交错的、T 形路口都能够在最低限度上保证可选择路线数量的最小化，同时也为行人提供街角处的聚焦点。在第 4 章我们提到，设计中应采用老年人所熟悉的等级制街道模式，就易读性而言等级制也同样能够帮助他们明确地确定自己的位置。

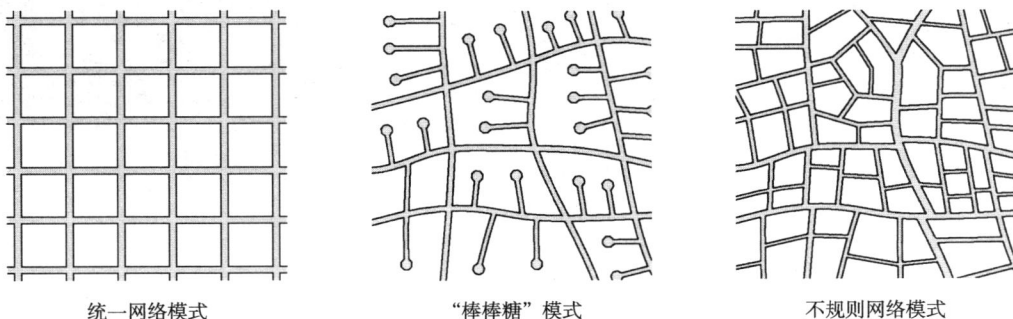

| 统一网络模式 | "棒棒糖"模式 | 不规则网络模式 |

图 5.6　虽然统一网格模式提供了连接良好的街道模式，但是所有道路和路口均为同一性，这却会像"棒棒糖"模式一样令人困惑。不规则网格模式也有很多小型周边街区和彼此相连的街道，但是却创造出了多样性的街区模式和街道形状（由 Daniel Kozak 绘制）

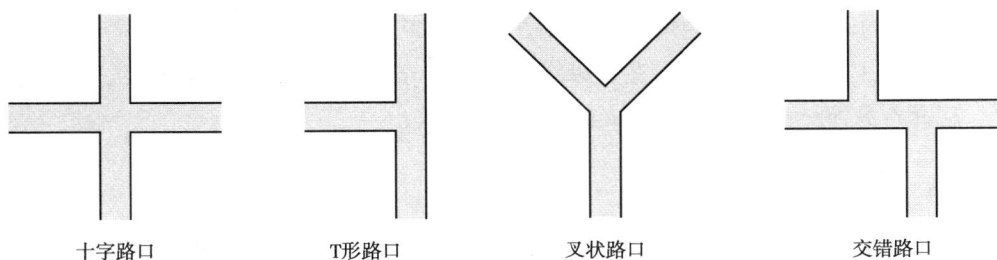

| 十字路口 | T形路口 | 叉状路口 | 交错路口 |

图 5.7　叉状路、交错路和 T 形路口减少了人们选择路线的数量，并在街角处提供了聚焦点（Daniel Kozak 绘制）

图 5.8 相对狭窄而又蜿蜒的街道走起来通常比宽广笔直的街道更有意思

街道的形状和尺寸

为求变化,街区的尺寸应限制在 60~100 米的范围内。较长的街道应该在形状上更加弯曲蜿蜒一些,以求得步行者步移景异的效果,街道的宽度也应相对狭窄一些,以保证行人的注意力集中。

公共空间和私人空间

街区的边缘应该由面对街道的建筑物的组群所围合。在第 4 章中我们谈到如果建筑物都面对街道的话那么街道的熟悉度将增加,这是因为老年人比较熟悉这种布局方式。就易读性而言,面对着街道的建筑物有助于提供一个视觉上比较有趣的街道立面，同时能够清楚标示区分出公共空间和私人空间。前文我们曾提到这样一个事实——老年痴呆症患者在理解街道空间和建筑功能方面有一定困难，他们很有可能误入私人领地。公共空间和公共建筑都应该清楚地表明自己的使用功能，同时应使入口空间明显可见。栏杆、围墙和树篱等物质界限都有助于区分公共空间和私人空间。然而重要的是，这些物质界限的高度不能过高，以保证后面的建筑或空间及其入口、特征、数量和名称仍然可见。

标志

Barker 和 Fraser 1999 年出版的《标志系统指南》是一本有益的信息资源，它详细说明了如何为残障人士甚至是所有人设计标志系统。概括地说，对老年人而言最好的标志应简单明了，又能提供明确必要的信息。标志不应按照传统固定的风格，应将大号暗色字体放在浅色的背景上，符号应为现实风格的，应清楚明了。标志同时也应该是非眩光照明设计的，并采用非反射材料。

指路的标志宜放置在柱子上，只有一个指针，指向三岔路口和十字路口等关键节点。当指路标志垂直于墙体放置时是最有效的，行人从一定距离就可以看到牌子的内容了，但是同一条街上悬挂过多的指示牌会导致视觉混乱，因此进行标识设计时应将标志紧靠相关的商店或服务设施放置。那些表示建筑名称的与墙面齐平的标志，则应通过强烈的颜色对比与墙面进行区分，我们建议将此类标志固定在墙上（而不是悬空无支撑的），这样有助于减少街道杂乱。老年人通常认为地图很难看懂，对他们而言"你在此处"的标志也就不是特别有用；但是对于其他人，尤其是对于空间环境不熟悉的人来说，这种标记应该大小适合，并且与地图有一定的色彩对比。

地标与环境特征

本书第 6 章将对于有特色的地标和环境线索进行详细论述，就易读性这一点而言，最重要的是要保留长期建立的地标，街道小品应该按照老年人熟悉的样子进行设计，其他潜在的不易察觉的线索（如树木等）应放置在关键点或视线的终点上。

图 5.9　易读的街道。建筑都面向道路并带有很低的边界，并标出这是私人空间，又没有阻挡视线。丁字路口使人们的注意力集中在街口的建筑而不是延伸出去没有尽头的马路，并将人们路线的选择数量最小化。街角的树木和邮筒都是有用的寻路线索

生活街道的易读性设计策略

具有易读性的生活街道应具备以下特征：

■ 街道类型应具有一定等级制度；

■ 以合适的街区尺度为基础，街区应布置在不规则的道路网格中；

■ 街区宜用较小规模，尺度控制在 60~100 米之间；

■ 街道互相连接良好；

■ 蜿蜒的街道的转弯弧度应较缓，并带有开放性弯道，角度大于 90°；

■ 街道应相对短小且狭窄；

■ 设置叉状的、交错的和 T 形路口以替代十字路口；

■ 场所和建筑的功能和入口都应清晰可见、明确不含糊；

■ 矮墙、栅栏和树篱以及开放的篱笆能够区分私人空间和公共空间；

■ 在关键点用最小的标志给出最简单必要、毫不含糊的信息；

■ 在单一点设置方向性信号；

■ 基础设施的定位标记应垂直于墙壁设置；

■ 标志应采用现实风格的大图案和大符号，用清楚的颜色与背景进行对比，通常来说都是采用浅色背景深色字体；

■ 标志设计要考虑防止眩光，应采用非反光材质；

■ 街道小品和其他潜在的不易察觉的线索应设置在适合关键点和视觉终端。

正如前文所述，生活街道的六个特征紧密相关，而本章讨论的易读性与第 6 章将要讨论的独特性的关系尤为密切。

第 **6** 章

独特性

6.1 独特性对生活街道的重要意义

独特性的含义

街道的独特性反映在以下几方面：因为街道的独特性，老年人能够清楚地知道它们在哪儿，它们的用途是什么，以及它们通向哪里。具有独特性的街道能够反映地区特色，含有不同的形式、元素、颜色和材料，它们协同作用，确保不同的街道在整个社区环境中带有其独特的个性。

在室外环境设计中独特性如何影响老年人

知道自己在哪

在第 4 章中我们谈到了建造高质量场所和街道的重要性——增加老年人对街区的熟悉性。地方特色赋予街区与众不同的特质，从而进一步帮助老年人为自己定位，令他们感觉街道生活也像在家里一样舒适。

保持精力集中

不论年龄层次如何，通常人们都不会简单地选择最明显的路线以到达目的地；路线的有趣或无聊会在很大程度上影响他们的选择（Llewelyn – Davies，2000）。我们的监控调查显示，大多数受访者（尤其是那些痴呆症患者）散步时都会选择这样一些路线，这些路线可能土地用途多样、建筑形式丰富、建筑特色迥异，但却往往不是最短的。为什么他们没有选择最短的路线？受访者这样解释："我喜欢多样化的建筑。""这会令我更加了解建筑的特征。""这条街更有趣，色彩更丰富。"混合用途的街道场所上林立着大量的建筑物和构筑物，它们带有不同的地方风格、尺度、形状和颜色，这不仅使散步变得更有趣，也有助于帮助老年痴呆症患者保持精力集中。

老年人通常认为统一样式的设计是"非常乏味"的，缺少必备的趣味性特征，无法让老年人判断自己身在何处、哪条路才是正确的路。一位患者指着照片中一排排外观一样的房子说："我不喜欢这个，这些房子都一样——我会把它们弄混的。"在形状和布局上都很相似的街道以及线性排列、个体差异很小的建筑都会令人们感到迷失和混乱。

调查中我们还发现很多老年痴呆症患者更喜欢小型的、非正式的、更"自然"的绿地及开放空间（例如树林多的地方），而不喜欢植物园或历史性公园等较为正式的公共空间；而非老年痴呆症患者则对于这两种类型都很欣赏。通常老年痴呆症患者还很喜欢带有多样活动场所的公园，例如网球场、儿童游乐区、游船池；他们也很喜欢小型带有商店及咖啡店的城市广场，喜欢座椅、艺术雕塑及绿化，它们既有趣也具有实际用途。受访者谈到对这些场所的偏好时这样解释："这里更多样化"，"这里很有意思……我觉得自己不可能在这种地方迷路。"混合多种使用功能的场所更具趣味性，而这能够激发人们的兴趣，刺激人们集中注意力，避免迷路的发生。

获得归属感

老年痴呆症患者常常很难理解周围人的行为或意图，因此他们经常担心自己在不同场所的行为是不是合时宜。研究中发现，老年痴呆症患者大都倾向于进行那些相对简单的行为活动，例如去商店购物、去邮局寄信或遛狗，而很少像非患者一样选择更需社交行为的活动，例如去图书馆借书看书、去宗教场所或参加社交俱乐部（见第 3 章）。

在第 4 章和第 5 章中我们讨论了老年痴呆症患者确认建筑和空间场所使用功能的困难程度，除非设计得非常明晰他们才能了解其功能。一般来说痴呆症患者对正规的城市广场并不热衷，它们尺度巨大且十分空

图6.1 老年痴呆症患者往往更喜欢非正式的城市开放空间，而不喜欢空旷而正式的大广场

旷，周围被巨大而华丽端庄的建筑物所包围。至于为什么不喜欢那些正式空间的理由，受访者认为"这里无事可做"并且"这种可爱的老建

筑大都非常相像，你无法确定你正注视的是哪一幢。"他们认为这些建筑"看起来非常官方"，因此难以确定这些建筑是私人的还是公共的，进而担心自己是否成为入侵者，是否进入了某些禁地。许多非患者对于正式广场周围建筑群的魅力大加赞赏，但对于其形式、规模和空置程度有所保留。

寻找道路

当前的城市设计导则促进了城市的特色标志的使用：

> 城市地标（以独特建筑为例）尤其是那些城市雕塑、标志塔或雕像，能够帮助提供参考点并且强调场所的等级（Llewelyn-Davies，2000，p. 61）

城市特色标志对于老年人非常重要，在一项关于年轻人和老年人对于新地标的理解程度的比较性研究中，Lipman（1991）发现老年人能记住的城市路标比年轻人要少，而且他们是根据路标的独特性记住的，而不是它们出现的先后性。

在第 5 章中我们谈到这样一个事实，即很少有受访者提到自己使用路标等寻路线索，但在对其散步过程进行的监控过程中我们发现大部分人都会使用远距离及近距离的路标和其他环境特征来帮助自己确定位置和找寻路线。一位非老年痴呆症受访者告诉我们："我想人们乐于看到身旁正经过一个个路标，这样我就会确信我正在前进。"

观察中我们发现，受访者经常使用五种不同类型的路标和两种类型的环境特征。

1. 路标

（a）历史性建筑物和构筑物

教堂等历史性的建筑和纪念馆、纪念碑等纪念性建筑是非常重要的路标，它们已经存在了很久，因此很容易被记住。在监控过程中，许多受访者都能指出这种历史性路标，认为它们既独特又有趣；例如一位患者说道："那里是 Consuela 纪念碑，座椅后方还有水龙头呢。"

（b）城市重要建筑

包括市政厅、医院、会堂和图书馆都是非常重要的地标，正如一位非老年痴呆症患者所描述的那样："我使用路标寻找方向，比如，路过大会堂之后就是 Sainsbury 超市了。"

图 6.2　历史性建筑往往是很好的路标,因为它们明显、有趣味,更因为它们经历了很长的一段历史时期而容易被人记住

（c）形制独特的构筑物

老年人散步时常指着那些独特的构筑物（包括高层建筑、桥梁、尖顶、尖塔、高塔等）说:"你看见那个尖塔了吗? 那个就是我住的公寓"或者"山谷警察局指挥部就在那里——看见那些旗杆了吧?"

（d）有兴趣的活动场所

上面我们谈到一个事实,老年痴呆症患者更愿意去非正式的活动场所,他们不喜欢过于正式的场所,对荒芜的地方也不感兴趣。我们发现很多老年人（特别是那些痴呆症患者）会将公园、开放空间、运动场、网球场、自然

图 6.3　独特的构筑物吸引人的眼球，帮助人们确定自己想走的路线在哪里

保护区、游乐场所和消遣场所当做标志物来看待。

〔e〕与众不同的场所

不寻常的场所、建筑有很独特的地方特征，有的老年人用"牙膏管那样的房子"、"女巫的姜饼屋"和"街尽头的丑房子"这样的词汇来形容自己所在位置，或作为定位路标，这些不同寻常的特征帮助他们进行记忆。

2. 环境特征

　　Moore（1991）认为环境线索最先由于其功能而被认知，其次是其位置，再次是其建筑风格和特点。他同时指出，当环境线索处于组织良好的、

图 6.4 一种实用的特征，也很有特色和吸引力

为行人所熟悉的环境或风格中时最容易被识别出来。我们的调查证明了这一点，同时还发现人们通常将以下两种主要的环境特征作为定位和寻路的线索：

（a）美学特征

在对老年人散步过程的监控中我们发现，水泵、喷泉、村镇绿地、池塘、

图 6.5　人们熟悉的街道小品作为美学元素被放置在街角，它们为人们提供
　　　　独具特色的寻路线索

有吸引力的花园、树木、盆栽花卉等具备美学特征的元素会被他们用作定位和寻路的线索，例如，一位非老年痴呆症者说，"邮局跟我们的距离就跟那边那棵树一样远。"

（b）实用功能

红色电话亭、邮筒、巴士站等具有实用功能的家具以同样的方式被用作美学特征。受访者对此有很多种评价，"在没有更好路标的情况下，我可能会通过在窗户前寻找不同的窗帘来确定自己的位置。""你看到了吗？Mill 街的路面上有很多拱。我们马上就能到那间我最喜欢的酒吧了。"

老年痴呆症患者会同时使用路标和环境特征来增强记忆，一位患者就是这样向我们描述的："那条公路沿着山势自上而下，它通向公园，沿着那条路走，从桥下穿过后你就能到商店了。"当他们走到视觉所及的终点而需要决定走哪条路时（例如道路交叉口），常会使用寻路线索来进行定位工作，这无论对哪个年龄层次的人来说都是一样的。Golledge（1991）研究发现，一旦确定了这种"定位点"，即使是在非常复杂的环境中人们也很少迷路。无论其独特性如何，临时建筑或风格含糊的建筑几乎无法作为路标，因此构成环境特征的元素应该是长久的，具有确定风格的。一次采取一个步骤，沿途寻找熟悉而独特的环境元素，这能够帮助老年人清楚地定位出自己所处位置，并明确自己下一步该往哪里走。这种方法尤其适合患有轻度和中度老年痴呆症的患者，研究表明（Passini et al，1998），尽管老年痴呆症患者在复杂环境中方向感会变弱，但如果将路程按照他们所熟悉的环境或视觉线索分成若干段的话，他们仍能轻松地找到自己的路线。重要的是，一些经历着短期记忆丧失问题的人们必须通过不断刺激记忆的方式来保持寻路能力，他们需要规律地沿着同一条路走，不断地见到自己所熟悉的环境要素，这样才能保证他们不迷路。

有许多轻度痴呆症患者意识到自己的记忆力和定位能力在逐步衰退，他们就有意识地努力记住环境中的寻路线索以确保自己在社区中活动而不迷路。例如，一位受访者不断提醒自己从家到报刊亭一路上的路灯数量，用以确定在哪里转弯。另一位则教会自己通过辨认朋友家屋顶是与众不同的颜色来辨认朋友的房子。另一些受访者可能并没有这么自觉而努力了，但是仍遵循了许多环境线索，例如一位受访者通过辨认多年前自己的丈夫在道路交叉口一块三角绿地种下的一棵树来进行环境定位。她无法回忆起当年他为什么种下那棵树，但是它的独特性、它在关键地点的独特位置以及它对于她的个人意义都令她一直记得这个地点，每次当她走近都能够轻易地认出它来。

　　一些受访者还利用独特的个体特征来定位自己的家。例如："我的房子是整条街上唯一木头屋顶的","要回家时我会看哪个房子有围栏，哪个就是我的家，只有我的房子有围栏","我的房子非常独特，没有别的房子跟它一样。"这也证明了前文提到的保持建筑形式的独特性是多么重要。

6.2　如何创造具有独特性的街道空间

有助于创造独特性街道的外环境因素

地域特色

　　正如我们在第 4 章中提到的，城市的新发展应能反映周边地区的地方特点。任何对现存场所的加建或重建都应该与地域环境特征和现存建筑形式相协调。这并不意味着新建建筑必须是环境中相邻建筑的副本和拷贝，在保持地区特色的同时应大量应用本地的建筑设计、建筑材料和建筑色彩以赋予新建建筑独特的特性。正如我们在第 4 章中讨论的那样，这并不意味着我们不能应用现代建筑设计，相反，现代建筑单凭其自身特色就能够成为重要的地标建筑。应用现代建筑形式应确保新的设计对原有街区进行的是某种形式的补充而不是破坏，使该街区能够保持其独特的地方特色，而新建建筑则应提供清晰明确、简单易懂的信号，使人们能够很容易地看懂其特征、用途，确定其出入口位置。

不同的城市和建筑形式

　　在第 5 章中我们谈到不规则的网格图案是老年人最容易辨认出的平面铺装样式。就独特性而言，这种图案能够适应街道、路口的不同形状和尺寸。在设计中我们常常将建筑的形状、特征、材料和色彩等不同的形式相混合，或者将线脚、屋面、烟囱、山墙、露台和门廊、前门、窗和花园等功能部件相混合，帮助人们确定自己的位置，令他们仅仅通过一些细小部位的区别就能将自己的家从社区中其他环境区别出来，而整个社区又不会过于杂乱，失去特色。45 年前，林奇（1960）提出应通过材料、颜色、灯光、边界、植被和天际线等方面对街道进行独特性设计，然而 20 世纪末的几年间，整齐划一、缺少个性的街道正以令人吃惊的速度在许多国家出现。

图6.6　微微蜿蜒的街道带有多样的形式和特点，它比笔直统一的街道更有意思

有趣，易懂的空间

　　开放空间应具备能判定其身份的独特线索，使人们轻松地理解其使用功能，以及其公共或私有的性质。城市广场和公共绿地应该是小型的、非正规的，提供大量的活动场所、人行小径和休憩设施，例如休闲座椅、立体绿化和其他软质景观。我们并不主张取消所有正式的开放空间，一个原因是这违背了我们保留地方特色和鲜明地标的初衷；但这些正式的空间可以做得更受欢迎，只要清晰地界定出哪里是人们可以通行的地方，配以人行小径、休闲座椅和软质景观就可以了。

图 6.7　当走在笔直的街道上时，老年痴呆症患者是很难集中精力的

路标和环境特征

　　如前所述，主要有五种形式的路标对老年人是有用和适用的，维护和兴建这些类型的路标能够帮助我们创造独特的"生活街道"模型：

　　1. 教堂等历史性建筑，纪念碑等历史性构筑物。

　　2. 市政建筑，包括市政厅、医院、教堂、会堂和图书馆。

　　3. 独特的构筑物，例如高层建筑、桥梁、尖顶、尖塔和高塔。

　　4. 趣味性的活动场所，包括公园、开放空间、运动场、网球场、自然保

图6.8　巴塞罗那公园的九柱戏绿地——一个热闹的活动场地和一个有用的寻路线索

护区、游乐场和娱乐场。

5. 带有独特地方特色的场所和建筑。

除路标外，还有两个主要类别的环境特点，以帮助创造独特的"生活街道"模型：

1. 美学特征要素，例如水泵、喷泉、池塘、花园、树木、吊篮和花卉等。
2. 实用特征要素，例如街道家具，包括红色电话亭、邮筒、公共座椅和巴士站等。

这些环境特征都是非常有用的寻路线索，尤其是当它们位于路口或街角时。作为路标它们也适合出现在较长的街道上，从街道的入口处应该能够看到它们。暂且不谈独特性，作为地标它们最重要的特征为是否醒目，是否有趣。环境特征的设计和功能应容易辨认，然而老年痴呆症患者只有在日常生活规律刺激的情况下才能记住这两种类型的寻路线索，因此临时建筑、临时构筑物都不是有用的寻路线索。

总之重要的是，在可能的情况下应设计具有历史性的、城市性的和独特性的路标和活动场地。公共区域的易读性也可以通过有策略地使用街道家具、树木、花卉、吊篮和公共艺术品来得以实现。应允许它们在同一位置保持较长的一段时间，而不是片面追求数量的最大化而造成过多的外部刺激和街道凌乱；无论其形态是否独特，固定的街道家具对视力有问题的人们都是很有价值的寻路线索。

生活街道的独特性设计策略

具有独特性的生活街道应该是这样的：
- 具有本地化特征；
- 有多种城市和建筑形式；
- 具有各种各样小型的非正式的、受欢迎和易理解的本地开放空间，它们应带有多种活动功能和特征；
- 多种开放空间，例如公共广场、村镇绿地和公园；
- 用不同的地方风格、颜色和材料来组成街道、场所、建筑物和构筑物；
- 带有各种各样历史性的、城市性的、独特性的建筑物和构筑物；
- 多种充满兴趣和活动的地点；
- 美学特征要素和使用特征要素并存，例如树木和街道小品并置。

第 **7** 章

可达性

7.1　可达性对生活街道的重要意义

可达性的含义

　　可达性是指街道能满足老年人到达、进入、使用和走动等需求，虽然老年痴呆症患者在健康、感官、精神等方面受了一定的损伤，但在经可达性设计的街道上他们能不受其影响而到达目的地。可达性街道拥有自身的公共服务设施并且互相连通，拥有宽阔平整的人行道和地面水平标志——可控制的人行横道。

在室外环境设计中可达性如何影响老年人

到达目的地

　　在前几章，我们已经概述了户外建筑环境的特征通常都是以健康的成年人为对象而设计的。例如，英国政府规定公共设施设备布置间距应为步行 10 分钟的路程，即 800 米（DTLR，2001）。Llewelyn-Davies（2000）建议，住宅区应在每隔 2~3 分钟（250 米）的步行距离内设置邮箱和电话亭，每隔 5 分钟（400 米）的步行距离内设置报刊亭。他们还提议，每 10 分钟的步行距离内（800 米）应布置一些街区商店，一个公共汽车站，一个健康中心和一个礼拜场所。显然这些考虑是基于健康的成年人的，当人们到了 70 岁时，大约需要 10～20 分钟才能步行

图 7.1　通常老年人不能像年轻人走得又远又快

500 米，并且每 10 分钟需要休息一次（AIA，1985；Carstens，1985）。

虽然大多数老年人在年轻时都会开车，但是最终很多人在“老龄化”这个特殊的人生阶段都会因为安全或财政方面的问题而不得不停止驾驶，而这一时期他们要走路或者使用公共交通却变得非常困难。我们发现，60% 正常的老年人和 75% 老年痴呆症患者都曾独自开车，但是 40% 开过车的正常老年人和 100% 开过车的老年痴呆症患者现在都已不再开车。Greenberg（1982）发现，老年后仍开车的人比不接触汽车的同龄人多出约 25% 的旅行机会。这意味着不开车的老年人会以步行的方式外出，但他们在户外环境中遇到了问题。

正如 Greenberg 所述：

> 年龄增长并不会减少人们对外出购物、访友的渴望，也不会减少他们去看病或进行其他日常生活活动的数量；但是，年龄可能会改变他们的行为方式和生活频率（Greenberg 1982，p. 405）

Peace（1982）发现，老年人更喜欢使用离住宅在一定步行距离范围内的地方公共设施，例如社区商店和定期拜访的医疗诊所等。正如第 3 章中所述，我们通过调查发现了类似情况。调查中大多数患有老年痴呆症的受访者和所有未患痴呆症的受访者都独自外出，其中半数以上每天都外出活动。所有人都外出购物，并有一半左右的人还定期去邮局、公园，或在居民区周围散步。然而，英国政府近期的一项研究发现，与年轻人相比，老年人（尤其是那些年龄在 75 岁及 75 岁以上的）在使用居所周围的公共服务设施时常会遇到更多的困难（DETR and DoH，2001）。这是不足为奇的，因为现有的设计并没有考虑老年人的使用需求。许多受访者都年老体弱，灵活性差，而老年痴呆症患者则更是行走不稳，步履蹒跚。那些未患痴呆症的受访者谈论到，有时他们不得不放弃到某地外出的计划，因为他们感到难以应付那里繁忙的交通和拥挤的街道，那里缺少厕所和座椅等必要的公共设施也是他们放弃出行的一个原因。他们也不会像年轻时一样满怀好奇到去自己不熟悉的地方散步，因为他们自己会迷路或找不到需要的公共设施。Lavery 等（1996，p. 183）指出，“可以毫不夸张地说，‘一般街道’是老年人使用起来非常不舒服的地方”，它有许多障碍，如行人道不平或过陡，照明过于昏暗，巴士车站不便使用，公共卫生间、座椅和雨棚等设施的缺失等。

与其他受访者们相比，患痴呆症的老年人在独立使用户外环境时会受到更多限制。由于他们已不能驾驶和使用公共交通，他们必须限制自己独立外出，也只能在住宅附近走动。在第 5 章我们谈到了家人及护理人员因老人没能在预定时间回到家而产生焦虑。这意味着老年痴呆症患者在无人陪同下不能独自外出，因为他们有可能走失或发生交通意外。以上所有的问题说明了方便可达的无障碍公共服务设施的重要性，它们同街道空间的可用性一样，都是生活街道设计的关键因素。

过去我们进行街道布局设计时，往往优先考虑机动车辆的流线，"道路引向地点，地点即是街道空间"（Hillman 1990，p. 42）。目前的规划政策加强了街道和邻近区域的设计，减少汽车通行，为居民提供高质量的公共服务设施，提供散步、骑自行车的空间，提供舒适的公共交通。包容性城市设计认识到，一个设计成功的街区，其建筑、街道和空间是基于使用者——人的需求而设计的，绝非车辆。这一点对于不能驾驶的人来说尤为重要，这是实现城市规划目标的需要。

从理论上来说，居住在使用功能相对紧凑而混合——例如那种集合了城市商业、休闲和居住等功能的居住区——的老年人能很方便地使用公共服务设施，而居住在使用功能单一的居住区的老年人使用公共服务设施则会困难许多。正如住房公司 2002 年的出版物所说："老年人居住的街坊要具备可达性，商店和公共服务设施的可达是必要因素。"然而，公共服务设施的邻近只是街道具备可达性的一个方面；当地公共服务设施的质量和形式、街道的平整度和街道的设计质量同样是生活街道的必要因素。

行走的无阻碍性

我们知道老年人走路不如年轻人快，也不能像他们外出时走得那么远。有的街道带有很多死胡同、断头路，它们不仅会模糊街道的可辨认性（见第 5 章），还会限制人们四处走动的能力。假设目的地是公共服务设施的话，走这种带有死胡同的路就要比走直接路线浪费更多的时间。有的死胡同通向公园的围栏，有的则通向私家车库，如果沿着这种道路误入歧途，老年人会感觉到孤立无援并且惶恐不安。

为了使老年人在拥挤的地方能够应对自如，设计时应在人行道上留有足够的空间，使老年人避免被冲撞。然而正如第 6 章曾提到过的，痴呆症患者很难预知他人的行为趋势，这一问题在拥挤的地方或狭窄的人行道上更加突出。他们会因为不能判断他人的运动趋势而被推倒或撞倒，从而导致危险的

图 7.2　拥挤的街道很难穿越

发生。

　　街道上任何水平高度上的改变都会为年老体弱、步态不稳或视觉损伤的人增加障碍，设计中的解决方法包括设施坡道和台阶，而不同人群对其看法大相径庭。坡道是解决这一问题的有效途径，关节炎患者等上台阶有困难的人以及视觉有损伤因而难以看清台阶的人相对比较喜欢坡道。而那些步态不稳的人则倾向于使用对于他们来说更方便、更安全的台阶，其中一名老年痴呆症患者认为："要从坡道特别是从锯齿形坡道上走下来特别困难。它们是重复又不平衡的。走下来比爬上去更困难。"看来，台阶和坡道都不能满足所有人群，因为不同身体状况的人们有不同的问题；一位患痴呆症的受访者解释说："使用台阶或坡道取决于是否疲劳，有选择的话我会很高兴。"而另一位的意见则很中立："我很担心会绊倒或摔倒，如果有选择的话会很好。"当然，高度上过大的变化是不利的，但即使是微小的变化也会造成问题，因为人们对于微小的高差变化更不易察觉。我们的受访者中，所有的非痴呆症患者和大多数的痴呆症患者都曾抱怨小台阶给他们带来了困扰，特别是那些没有标注"注意台阶"和"小心绊倒"的地方。

公共卫生间的设置及其可达性为老年人进行户外活动提供了必要条件。受访者们不愿使用难于进入的卫生间——例如图中那种设置在地下的卫生间。

图 7.3 对多数人而言，设置在地下的厕所不便于使用

卫生间、商店和公共设施的门的高度也是创造可达性街道需要解决的问题；例如：一位未患痴呆症的受访者抱怨道："对我来说，打开门进去及在门合上之前走出来都是大问题。"因此许多受访者都将自己的购物地点限制在自己小区的商店，正如一位老人所说的那样："小区商店内的卫生间更干净、更安全，更重要的是那里设有电梯。"但是需要注意的是，目前只有大城市及城镇中心的住区商店才是这样的，大多数小型住区的商店仍没有提供这种无障碍设施。

7.2　如何创造具有可达性的街道空间

有助于创造可达性街道的外环境因素

地方性公共服务设施

理想状态上，老年人住宅周边的 125 米以内应设有电话亭和信箱，500 米内应设有必要的公共服务设施，包括一定规模的食品店、邮局、银行、医务室或健康中心、绿色空间（如绿化区、街道绿化带等）、公共卫生间、座椅和公交车站。如果次级服务设施（包括公园及其他形式的开放空间——如图书馆、牙医所、眼镜店、礼拜堂和公共娱乐设施等）不能设置在住宅周边的 500 米之内，也应保证不远于 800 米，这一点对于公共卫生间和座椅同样适用。这些公共服务建筑应被布置在地面层上，其入口应较明显并易于老年人辨认，尽可能的降低门槛高度；而公共座椅最好每隔 100 ~ 125 米设置一处（详情将在第 8 章中阐述）。

街道布局

可达性街道的布局等同于可辨性街道布局（见第 5 章）。这些街道应自然地连接在一起，易于辨认并有简单的交叉点。

人行道

平整的人行道宽度至少为 2 米才能确保老年痴呆症患者、行动不便者和轮椅使用者安全穿越，而不被过往穿梭的行人所影响。宽阔的人行道还可以给人们一个离机动车距离较远的在街边漫步的机会。

不可避免的高差变化

可达性好的街道应避免在任何位置出现高度上的变化。如果这种高度变化不可避免，则应采用徐缓的斜坡而非小台阶，因为斜坡对于老年人而言更容易注意到，并且更容易应对。对于倾斜度很大的地方，斜坡是很适合轮椅使用者、扶架使用者和推购物车的人们的，当然，以老年人为使用对象设计的可达性街道中台阶和坡道是应该同时具备的。

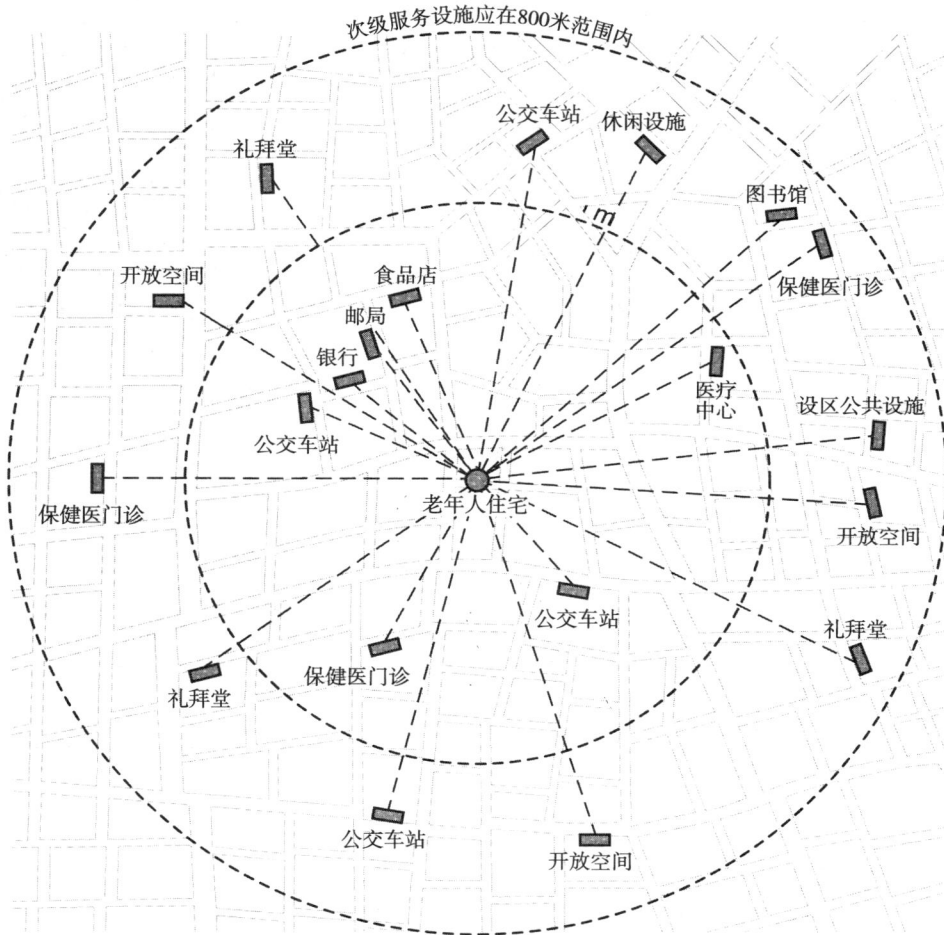

次级服务设施应在800米范围内

公交车站　休闲设施

礼拜堂

图书馆

开放空间

食品店

邮局

保健医门诊

银行

医疗中心

公交车站

设区公共设施

保健医门诊

老年人住宅

开放空间

公交车站

礼拜堂

礼拜堂

保健医门诊

公交车站

开放空间

图 7.4 基本公共服务设施应设置在距老年人住宅的 500 米之内，次级服务设施应设置于 800 米之内（Daniel Kozak 绘制）

99

图7.5　与狭窄的人行道相比，宽阔的人行道为痴呆症患者避开其他行人和障碍物提供了足够的空间

　　有很多规定详述了老年人和残疾人使用的无障碍坡道、台阶和手扶栏杆的制作尺寸，其中包括 Oxley 2002 年所著的《包容性和灵活性》（Inclusive Mobility）、卡斯坦斯（Carstens，1985）的专著《面向老年人的场地规划和设计》（Site Planning and Design for the Elderly）、美国建筑师学会（AIA）1985年所著的《为老龄化设计》（Design for Aging）等。总体说来，对于坡道最大斜度的规定为：坡道竖向高度是水平长度的 1/20 或 5%。台阶应较短较直、

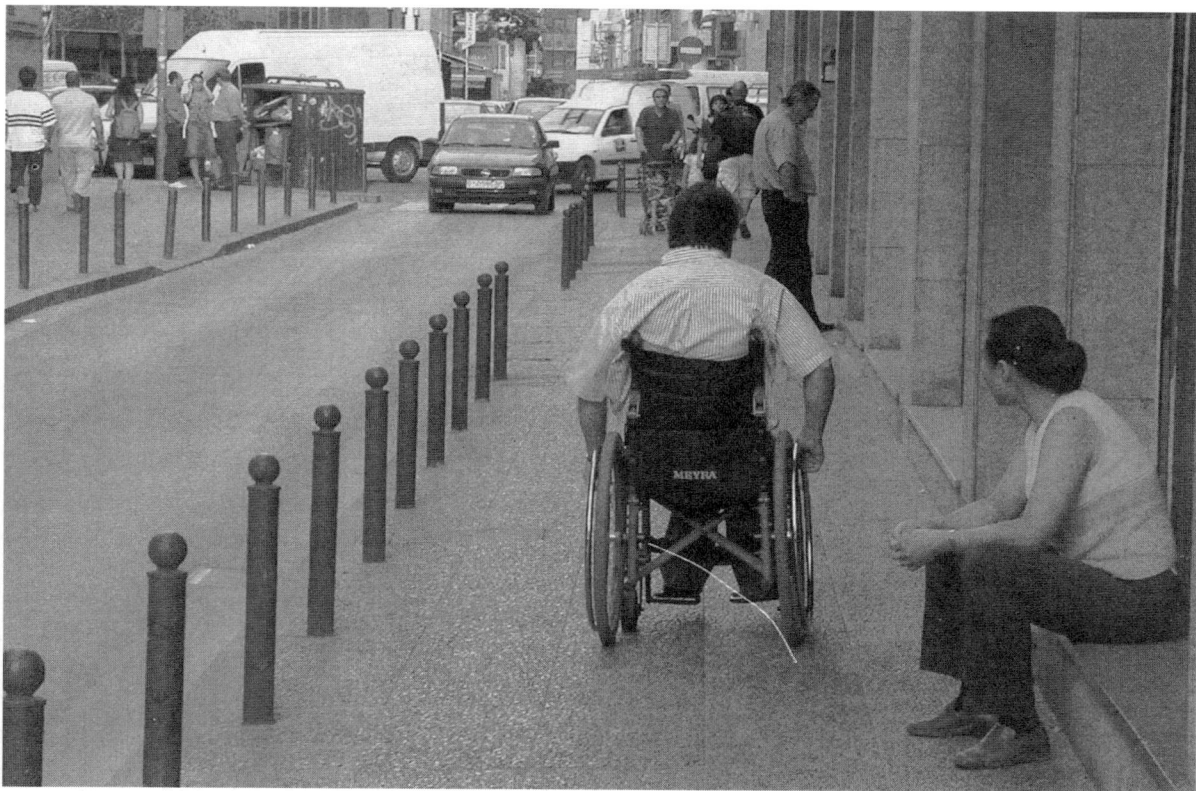

图 7.6　狭窄的人行道削弱了可达性

层次明显，每跑台阶数在 3 ~ 12 个之间。梯级板要统一高度（10 ~ 15 厘米），台阶面至少要 30 厘米宽，足够容下脚的长度。竖板和台阶面应采用对比色，方便视力不好的人辨别，同时为了避免行人头昏眼花上面的花纹不可过于繁琐，它们都使用带有保护性的、防滑防眩的表面。台阶两侧都应设置栏杆，栏杆上应选用隔热隔冷的光滑材料。

　　本书第 9 章将详述人行横道的设计手法，但街道可达性设计中很重要的一点是人行横道应设置在地面层，避免采用地下通道或天桥的形式。公共厕所同样需设置在地面层，门的重量应小于 2 公斤，门把手应采用横杆而非球形把手，从而便于手部力量虚弱或手部僵硬的人开启控制。

图 7.7 理想状态上，即使是高差上存在微小的差异也要同时布置坡道和台阶

生活街道的可达性设计策略

创造具有可达性的生活街道应按以下策略进行设计：

■ 土地使用的混合性；

■ 在住宅周边 500 米以内应设置基本的公共服务设施，包括食品店、邮局、银行、医务室或健康中心、绿色空间（如绿化区、街道绿化带等）、公共卫生间、座椅和交通站等；

■ 在住宅周边 800 米以内设置地方次级公共服务设施，包括开放空间（公园、小片绿地、娱乐用地、公共广场）、图书馆、牙医所、眼镜店、礼拜堂、社区娱乐设施和公共卫生间、座椅等；

■ 建筑的入口要明显且易于辨认；

■ 在地面层设置入口，且加设坡道；

■ 每隔 100～125 米设置公共座椅；

■ 街道连接条理清晰，其交叉点简单明了；

■ 人行横道要平坦，宽度宜为 2 米；

■ 当设计无法避免存在较小高差时，应采用徐缓的坡道而非一两个小台阶；

■ 当设计无法避免存在较大高差时，设计中的台阶或坡道的坡度均不宜大于 1/20；

■ 在设计中存在无法避免的高差时，要设置明显的标示及防护设施，设置栏杆和防滑、防眩表面；

■ 人行横道和公共卫生间要布置在地面层上；

■ 电话亭要有坡道；

■ 入口门重量要小于 2 公斤，门把手应采用横杆形式而非球形，以便于体弱的老年人开启。

第 8 章

舒适性

8.1　舒适性对生活街道的重要意义

舒适性的含义

本文的舒适性是指，人们通过街道能顺畅地到达自己的目的地，而且没有身体或精神上的不适，并能享受街道上的户外生活。舒适的街道是平静的、舒服的，并能为老年人以及暂时或永久性丧失行为能力的人们提供公共服务设施。

在室外环境设计中舒适性如何影响老年人

保持独立性

在第 4 章我们概述了有很多老年人（特别是老年痴呆症患者）都认为陌生的环境会给他们带来一定的压力。随着年龄的增长，他们更喜欢在熟悉的环境中活动。知道自己身在何处令他们感到安慰，知道在哪里可以找到自己需要的公共服务设施令他们感觉舒服，知道地方性服务设施如何帮助他们享受外出令他们安心，这些都有助于保持他们的自尊心和独立性。

感到受欢迎

在第 6 章，我们讨论了患有老年痴呆症的受访者们相对来说喜欢城市中非正式的并且活泼的开放空间，它们富有特点，并且为需要集中注意力的人们提供了必要的刺激元素。这种开放空间不仅富有生命力，还会给人宾至如归的亲切感觉；一位患有老年痴呆症的受访者这样说："这是个很友好的环境，还设有很多座椅，我很喜欢这里的商店。""友好"一词也被他们用来形容某些开放的绿化空间，例如大多数受访者都钟爱形式活泼的树林，他们认为有植物园就很"友好"。与正式的空间相比，那些"更人性化"的、亲和自然的非正式开放空间更能为人们提供心理上较舒适的环境，这些人已意识到在特定环境中自己已经丧失了别人期望他们所拥有的理解能力，而过于正式的空间只能令他们感到威胁和冰冷。

享受和平与安宁

受访者们喜欢在有生气的空间内活动，但这并不意味着他们在嘈杂拥挤的地方会感到舒服。一位患老年痴呆症的受访者告诉我们："只有当我离车辆和道路比较远的时候，那些讨厌的噪声和尾气才不会影响我。"在第 5 章我们提到，急促刺耳的噪声常常使老年人，特别是老年痴呆症患者受到惊吓，并会给他们造成思想混乱和心理迷惘；此外，持续的噪声（例如无休止的繁忙交通）也会影响他们的听力。事实上一位老人告诉我们，当他沿着交通繁忙的街道行走时，他不得不关掉他的助听器以避免那些巨大的噪声。

尽管受访者欣赏街道上有趣的建筑风格和充满生气的绿化，但他们认为城市拥堵的交通和拥挤的人群令人难以应付。一位老年痴呆症患者说："人群拥挤使市区寸步难行，谁会喜欢在那种地方散步？"如果有选择的机会，老人们都会避开嘈杂拥挤的街道，行走在更加舒适的郊区小路上，享受漫步的愉悦。

老年痴呆症患者喜欢热闹、非正式的开放空间，接受访问的所有老年人也都同意开放空间的好处是与机动交通隔离，并能在静谧中坐看身边发生的事。这一发现与 Llewelyn-Davies 的观点相同："设计得好的公共场所通常设有活动节点，例如路边咖啡厅或市场等，并设有一定的静态区域供人们休息和张望"（2000，p. 99）。

迎合人们的生理需求

在第 5 章我们解释了为什么短而蜿蜒的街道比又长又直的街道更有可读

性——因为对于年老体弱、耐力下降或行动有问题的人来说, 短而蜿蜒的街道会令他们感到自己花费了较少的时间, 虽然实际上二者花费的时间是同样多的。另一方面, 又长又直的街道显得"有压迫感"、"看上去永远走不到头"、"冗长而又乏味", 即使事实并非如此。除非没有其他选择, 我们的受访者很少能够完整地走完长直街道的全程。

对于不同年龄段、身体健康状况各不相同的人来说, 这三种元素——公共座椅、遮蔽所和卫生间——都是使某场所舒适、受欢迎和易于使用的重要因素。这三种元素缺一不可, 否则, 任何一个都会成为老年人避开某些活动区域或减少出行次数的原因。

对于那些愿意使用公交设施或能够使用公交设施的人来说, 公交车站设置的座椅和候车亭也有助于提供舒适的"生活街道"。虽然公交车站的开放式

图8.1 与金属长椅相比, 带有靠背和扶手的木制座椅能为人们提供更加舒适的休息场所。而垃圾箱应有能自动关闭的盖子来阻挡臭味和虫子, 并应定期清空!

候车亭比什么都没有要好，但大多数受访者都更希望巴士站能提供带有透明墙或大窗户的封闭式候车亭，在帮助他们防风御寒的同时又能保证他们看清楚进站的公交车。这种透明度还会使他们感到安全，因为路人和候车者们可以彼此看到。许多受访者们还提到：候车处的座椅太小不便于使用，这些座椅大多由坚硬而表面光滑的材料制成，有些又向下倾斜；例如，一位非老年痴呆症患者抱怨道："这些椅子太滑了，你根本不能坐在上面，反正我是这样，如果我不抓住什么的话是坐不住的。"

在第 4 章我们提到，传统红色 K6 电话亭的备受欢迎得益于中老年人对其外观和功能的熟悉。无论是传统的还是现代的，与开敞的电话亭相比，封闭的电话亭更加舒适，因为它们提供了隔绝外界噪声和天气因素的可能，保证

图 8.2　这个长椅设计得糟透了！不仅看起来不亲切、不舒适、不安全，还被放置在令人头晕眼花的铺地上！

了使用者的隐私和舒适性。调查中我们向一位老年痴呆症患者展示了一座现代的开敞式电话亭照片，他惊呼："在这样的电话亭里，我和电话都会被淋湿的！"

许多老年人不能步行超过 10 分钟而不休息，走累了有座椅坐会令他们心怀感激，但有些座椅的样式和材料更适合其他人群使用却非常不适合老年人。调查中老年人谈到，他们更喜欢有靠背和扶手的座椅——靠背让他们倚靠，当坐下和起立时扶手都能够支撑自己身体的重量。他们都认为没有靠背和扶手的低矮座椅或长凳使用起来非常不便而且不舒服。与金属或混凝土座椅相比，木制座椅备受欢迎，它令人们感觉更加温暖和舒服。一位老年痴呆症患者表示："金属和混凝土座椅看起来光滑、坚硬，坐在上面很不舒服。"与那些由坚硬材料制作的现代座椅相比，木制座椅同样因其亲切、有吸引力而更被人们青睐。一位老年人对金属和混凝土的座椅评价道："它们看起来野蛮又可怕。"某些现代风格的座椅设计得令人非常费解（图 8.2 所示），以至于老年痴呆症患者根本无法辨认出它是座椅，更不用说，他们当然无法使用这种座椅！

在第 2 章我们曾提到老年人使用卫生间的次数比年轻人频繁得多。大多数受访者都无比怀念过去的一个时期，那时的公共厕所很容易找到，使用起来安全、舒适，还有护工在那里工作，这些护工的存在令老年人感到非常安心。正如我们在第 7 章提到的，公共卫生间的缺乏从主观上限制了老年人外出的频率。本文也论述过老年痴呆症患者经常苦恼于对现代符号的不熟悉和不理解，而非老年痴呆症患者总会因他们不明白或难以适应某些新技术而恐惧，而这恰恰是很多政府正忙于安装的"超级卫生间"公共盥洗舱所带来的问题——它们可识别性差，而且老人们在使用过程中常抱有怀疑的态度，他们害怕自己不懂如何使用，或是被困在里面。一位受访者认为这种"超级卫生间"看起来"很可怕，令人难以接近"，而另一位的意见则充满了怀疑："虽然它看起来很现代却又很讨厌，也有可能使用起来会更舒服。"

8.2　如何创造具有舒适性的街道空间

能够创造舒适性的外环境特质和因素

熟悉的舒适性

对于老年人，街道的舒适性也就是他们对所认识和理解的建筑和设计特征的熟悉程度（见第 4 章）。

舒适的开放空间

尺寸较小的开放空间能减少老年人的畏惧感，设计应使用低矮的围墙、墙壁或篱笆进行空间限定。池塘、游乐场和咖啡馆等活跃的场所有助于使老年痴呆症患者有宾至如归的感觉，让他们感觉待在那里很舒服；这些活跃场所也能吸引其他使用者，而不会让人感到孤单或威胁。除此之外，我们认为城市中还应该设计这样一种休闲场所——它既远离繁忙的城市中心，又不与之完全隔离，处于视线可见的距离以内，在这里人们可以坐下来享受一种远离人群和交通的安宁。座椅和照明设施对于开放空间是必不可少的，遮蔽所和公共卫生间至少应设置在开放空间的步行距离之内。

安静的街道

前面我们提到过街道的层次结构可以提高街道的熟悉性和可读性，也为人们提供拥挤的人群和交通——也就是主干道——的替代路线，即安静的道路。一些带有座椅和遮蔽所的行人专用街道也为人们提供了避开繁忙交通的机会，而围墙、树木和灌木丛等都能充当声音屏障和缓冲区，它们能帮助行人远离交通，减少街道和环境噪声对人的影响。

不恐怖的街道

具备舒适性的街道和具备可辨性的街道是相同的（见第 5 章）。它们相对较短并且蜿蜒曲折，因而不会给人一种乏味和无休止的感觉。这些道路相互连接，使人们能够选取直接的路线前往目的地。

巴士站台

只要有可能，巴士站台应有某种形式的遮蔽物，它最好设有两边透明的墙壁或大型明亮的窗户。其中还应设置宽大、平坦的座椅，应由隔热的防滑

图 8.3 大多数老年人喜欢常规类型的卫生间，对他们来说自动化"超级公共卫生间"是既陌生又令人畏惧的

材料制成。

电话亭

正如前文提到的，许多非老年痴呆症病患虽欣赏现代电话亭使用上的

图 8.4　常规类型的公共卫生间（SURFACE Inclusive Deign Research Centre 提供）

便捷，但他们中的大部分人仍认为它们没有吸引力。如果能将传统红色 K6 电话亭的熟悉性、独特性与现代电话亭那些便于使用的特性（例如平坦的门槛和轻质门）合并，形成新式的电话亭，这将为每一位使用者提供舒适的服务，而老年痴呆症患者也能识别出其功能，并能够按照提示正确使用。

公共座椅

　　比起为公众提供有吸引力、舒适且易于使用的座椅，许多地方当局似乎对于如何防止座椅被破坏更感兴趣，事实上这是本末倒置的，舒适实用的座椅更具积极意义。座椅应具有一定的舒适性并带有坚固的靠背，支

图 8.5　开放空间中应有安静的林荫遮蔽的座椅区

撑的扶手和不突出的木头支架，应采用木头或其他隔热的柔软材料制作。在我们的调查中许多受访者抱怨说一些公共座椅高度太低。根据 Oxley 的观点，座椅的高度应在 420～580 毫米之间。卡斯坦斯（1985）的研究表明，90% 年龄超过 75 岁、身高不到 164 厘米的人都认为公共座位不应超过 440 毫米高。一些供应商针对不同身高的人们提供不同高度的座椅，2002 年，Oxley

图 8.6　老年人更喜欢封闭的公共汽车候车亭，它设有休息座椅，并有双向透明的墙壁或巨大的窗户（SURFACE Inclusive Design Research Center 提供照片）

对此也进行了有效的研究，基于此，他提出公共座椅的高度不应统一规定，可能的情况下应提供 420 毫米和 470~480 毫米高两种高度的座椅。

公共场所应每隔 100~125 米设一处休息用座椅。在开放空间等可能的位置，应按正确角度布置声波定位座位，这使听力差或视力差的人也能够方便与其同伴沟通。

公共厕所

对于老年人来说,最舒适最方便的公共设施是位于地面层的常规卫生间,它们应靠近邻近建筑群,并保证路人可见。

生活街道的舒适性设计策略

具备舒适性的生活街道设计应遵循以下设计策略:

- 给人一种平静,包容的感觉;
- 采取老年人熟悉的建筑形式和他们可辨认的设计手法;
- 开放空间应有适当的大小,应安静而远离机动车,并配有座椅、路灯、公共卫生间和遮蔽所;
- 设置次要道路,从而为人们提供远离拥挤人群和交通的替代路线;
- 设置行人专用街道,阻止车辆通行,从而保证行人安全;
- 利用声音屏障(如植物和围栏)来减少周围环境中的噪声干扰;
- 街道应短而蜿蜒曲折,相互间有很好的连接;
- 设置封闭的公共汽车候车室,内部配有座椅,并采用透明的墙壁或大而明亮的窗户;
- 设置封闭的电话亭;
- 每100~125米设置坚固的带有靠背和扶手的公共座椅,座椅应由隔热的材料制成;
- 普通的公共卫生间应设在地面层上,靠近周围建筑群,同时保证路人可见。

第 9 章

安全性

9.1 安全性对生活街道的重要意义

安全性的含义

　　人们使用外部环境、享受外部环境和在外部环境步行时可以不必担心被绊倒、被超速或遭到袭击，安全性就是指室外街道所具备的这种性质。具有安全性的街道应该是这样的：有建筑物林立其上，有单独的自行车道，其人行道应该宽阔平坦、有良好照明，且畅通无阻。

在室外环境设计中安全性如何影响老年人

　　在第 3 章我们曾提到，与非老年痴呆症患者相比，老年痴呆症患者更不愿谈及他们在户外遇到的问题。他们提出的少量问题集中在自身身体机能的衰退问题上，例如视力差、步态不稳造成他们在户外行走时绊倒或是摔倒的情况。而当那些未患痴呆症的老年人谈及地方社区的安全性时，讨论的则是各种物质状况，包括铺装不平的路面和在人行道上骑自行车的现象；他们也谈到了自己担心摔倒或受到攻击等心理障碍。然而，在我们对受访老年人进行的外出步行监控调查结果显示，老年痴呆症患者在户外会遇到与非老年痴呆症患者描述的类似的问题，但是他们却并没有意识到这些。而且迷过路的人与从没有过迷路经历的人（无论是否患有痴呆症）

图 9.1　自行车在人行道上穿越是危及老年人安全性的一个常见问题

相比，对环境的潜在问题、障碍和危险更加不敏感，例如不平坦的路面或损坏的街道小品无所察觉，这意味着，安全隐患对任何使用者来说都是潜在的危险，对于记忆力衰退及有记忆、定位问题的人而言更是极大的威胁。

担心受到攻击

如上所述，许多老年痴呆症患者都担心外出时会遭到攻击，因此他们

图 9.2　老年人认为残破不平的路面非常危险

不会在天黑之后单独外出。一位受访者告诉我们她的感觉："我害怕在空旷的地方走";另一个受访者说他不喜欢空荡的街道及场所,因为这些地方"看起来非常偏僻,而且如果有任何情况发生的话你只身一人"。第三位受访者说她会避免去那些窗子看不到的街道和小巷,因为她"担心在没人能看到或是听到的时候遭到攻击"。他们也会避免那些"你看不到那里有什么"的场所,比如地下的洗手间或是地下过道,"孩子们在你的周围跑来跑去,而且你根本无法知道在转角的地方会发生什么"。如果僻静的小巷、小路长度较短,直接连接两个热闹的街区,并且路的两端可见,那么老年人也就不会那么害怕了。如果沿街建筑的窗子能看到街上的情况,那么他们会感到威胁度减轻。

在第 8 章中我们曾提到老年人一般都喜欢封闭式的电话亭,因为这样的电话亭可以提供保护,使他们免受天气和噪声的干扰。大家普遍认为开放式的电话亭不仅使用起来不够舒适,而且因为使用者的背部朝向路人带来了遭遇攻击的可能,因而大家都因这种潜在的危险而感到焦虑。例如,一位没有患老年痴呆症的受访者说她担心的是"别人可能看到我的钱包",而另一位受访者担心"人们可能会攻击我"。

担心被撞倒

不论人行道上的自行车道是否是单独划定出来的,许多受访者都担心自己会被人行道上骑自行车的人撞倒。一位老年痴呆症患者解释说,对于他来说问题是"我很难记起行人应该在哪边行走,要保证自己不会迷路已经耗费了我太多的精力了"。那些没有患老年痴呆症的老人更担心的是骑自行车的人不在指定的车道上行进,或是突然以一定的速度从后面冲了过来,这种急速的超越让人完全没有防备,以致受到很大的惊吓。另一个更加严重的安全性问题是,很多机动车随意停靠在人行道上,它们占据了人行道的大量空间而只留下非常狭小的穿行区域,而且也给老年人的人身安全带来了潜在的威胁。

宽阔的马路一般不受欢迎。受访者给出的评价包括"它们看起来速度非常快",还有"宽阔的马路太容易让车加速"。他们还认为十字路口更加危险,尤其是当没有过街人行道和信号灯的时候。对于任何人来说穿过宽阔繁忙的路段都是一件困难的事,更何况这些反应缓慢、认知能力低下、行动力有问题的人了,即使是在有秩序的十字路口他们要横过马路也是一件非常困难的事。正如一位受访者在我们的监控下外出散步时所说的:"好吧,咱们要过马路了,但是必须要等一会儿。我认为如果我们穿过这里之后……哦,咱们现在就走吧,没有车了……哦不! 有车! 马上就变绿灯了,马上就变了! 等待是个好主意。我以前会赶在没有车的时候跑过去,不过现在不行了。"

我们本以为老人年会将斑马线(斑马线是指横在马路上黑白条相间的图案,它的两边带有橘色的交通指示标,但是没有交通信号灯)作为他们穿越马路首选的通道,因为斑马线已经存在很久了。然而我们发现,无论是否患有老年痴呆症,大部分的受访者都不相信司机会在斑马线前停车,他们也担心即使司机停车了,他们停留等候的时间可能并不足以使他们安全地到达路的另一边。一位老人说,她感到自己穿越斑马线时很有必要"让我的丈夫举起手杖保证我们通过,但是事实上即使我们举起手杖了,他们也不会停下来。"

图 9.3　汽车停在人行道上是危险，并且它们堵塞了道路，使人们难以穿过

　　可控信号灯人行横道（Pedestrian Light-Controlled Crossing，即行人穿越马路时可以按键控制交通灯使车辆停下）是英国三种有信号控制的十字路口组织方式之一，同时也是最受欢迎的一种，老年人认为它"对老年人来说是最安全的"穿行类型。这种方式已经存在很长时间，人们对它非常熟悉，并且对于变红的信号灯能够使车辆停下这一事实毫不怀疑。然而，这种可控信号

灯人行横道存在一个问题——老人很难听见高频声。另一个问题是老年人反应时间长，他们要比普通人花费更多的时间才能意识到已经可以穿行了，这导致他们过马路花费比正常人更多的时间；一位老年人评论说，"可控信号灯人行横道的想法很好，但是它留出的时间不够长，对于行动缓慢的老人这一点时间根本不够。"另外，上文曾提到在人行道上分离出自行车道存在着诸多的问题，因此双信号灯路口（即信号灯既控制人行又控制自行车的方式）相对来说更不普及。尽管另一类型——适于行人使用的智能化路口（Puffin crossings，指自动地为每一位穿越马路的行人提供他/她所需要的时间的十字路口）——已经存在大约10年的时间了，但是当我们向受访者提到它时仍有很多人表示出十分惊讶，他们坚持认为自己从未听说过这种十字路口。也许老年痴呆症患者表示从未听说是因为他们的记忆力有问题，但是对于那些没有患老年痴呆症的老年人来说，他们对此毫无所知的原因只能归结于社会没有提供足够的公共信息。乍看起来，可控信号灯人行横道和智能化人行横道的外观非常相似，但是前者是在道路近端和远端都设有可视信号，而后者则仅仅在按钮旁边显示可视信号。智能化人行横道也没有设置类似可控信号灯人行横道上那种大家都习以为常的闪光指示器和小绿人。如果人们身在智能化人行横道口却误以为自己是在自控人行横道口，那么这种预期上的混淆将造成潜在的危机。

大部分人认为，针对路面宽敞、交通相对不繁忙的道路设计的无控制灯交通等候区是很有效的，因为它保证老年人在走到马路中间时能够停下来休息片刻。他们通常都不喜欢地下通道或过街天桥，因为"走地下通道或者过街天桥都是很长的一段路，比正常从马路路面上穿越要多走很多路"，而且要走那些坡度很陡的坡道或台阶都是很吃力的。

担心会跌倒

我们在第2章提到约1/3年龄在65岁以上的老人和约一半85岁以上的老人每年至少会摔倒一次。研究发现，一旦有过摔倒的经历老年人便不会像以前一样经常性地外出，即使外出也往往需要有人陪同，究其原因就是他们害怕再一次摔倒（Campbell，2005）。在第7章中我们也提到，患有老年痴呆症的人通常不能理解迎面而来的行人的意图，这就增加了他们被推倒或是被撞翻的危险，而这个时候他们就会认为自己正在别人的路上行走，而他们也不能灵活地躲开。除了老年痴呆症患者，许多患有视力障碍或是行为障碍的老人也会遇到这种情况。老年痴呆症患者往往走得很慢，步态也不稳，如果道路表面采用鹅卵石等质感粗糙的铺装材料、铺装不平整或是路砖、井盖残缺，

图 9.4　地下通道对人们而言是难以负担和令人恐怖的

就会导致老年人行走时经常绊脚，或磕磕碰碰。为患有视觉障碍的人设计的触觉式坡道通常不被老年痴呆症患者所理解，而对那些非老年痴呆症患者来说，即使他们接受了这种坡道的使用功能，他们往往也认为这种坡道是旅途中的障碍，在上面行走非常不舒服，特别是如果坡道维护不善这种情况就更加严重。也有人指出，视觉有缺陷的人更容易看到大块路面板的边缘而不是小块的，因此如果有路面不平的情况，那么用大块路面板铺装的路面显然是更有利的，因为视觉有缺陷的人们将会更容易注意到这种不平整从而避免它们。柏油碎石路面虽然样子并不特别，也不够吸引人，但它平整的表面令步行者感到非常安全，他们普遍认为柏油碎石路面是最安全的。调查中还有一个发现，由于很多小区路面情况很差，很多受访者去户外活动之前都要换上靴子或平底鞋才能外出。

正如我们在第 2 章中提到的那样，老年痴呆症患者视觉敏锐度下降，经常会将色彩反差较大的颜色搞错或者将铺装的图案误解为台阶式坑洞。棋盘格的铺装或多次重复的线条铺装都很凌乱，它们会导致头晕；而反射强或者发光的表面铺装则被老年人认为是又湿又滑的表面，面对这些铺装时人们会非常迷惑，无所适从。我们在调查中向老人们展示了一张照片，里面是由淡黄色和黑褐色铺路石组成的几何形式的路面铺装，许多受访者都认为这种铺装令他们头晕，并且他们很容易将铺装中的分割线误认为是台阶。一位老年痴呆症患者告诉我们："我会受到引诱而沿着褐色的线一直走，最终绕着这个图案一直跑下去。"一位非痴呆症患者提出了一个有趣的看法，"如果让我那个患有癫痫症的妹妹在这上面走，那将是一种冒险的行为。"与这种双色几何模式的铺装相比，大部分老年痴呆症患者认为有多个圆形重复的灰色小点铺装样式更具吸引力，但他们也指出，虽然它的照片看上去不错但实际使用中可能也会有一定的问题。一位老年痴呆症患者说："这种铺装如果数量不多就挺好，但是如果有太多的话我可能会感到眩晕，然后绕着圈子走。有个朋友的院子里就是采用这种铺装，她用得太多了，因此我在那里感到非常头晕。"许多受访者都认为由小块材料进行的铺装会令路面粗糙，行走起来非常困难。

老年人会在上下台阶、坡道时滑倒，是因为他们看不清楚边缘在哪儿。当从阴影处移动到强光处时，视力差的人会产生眩光因而很难看清周围景象，这可能导致他们失去平衡、迷失方向，或者感到非常困惑（AIA，1985）。同样，对于有视觉障碍的人来说，强光在地面上形成的极黑的阴影可能会令他们误以为地面上存在高度上的变化。

对于行动力、视力、集中力有问题的人来说，整齐而毫不凌乱的街道行走起来更容易也更安全。许多受访者提到了杂乱街道对于步行人群的危险性，无论老年痴呆症患者还是非老年痴呆症患者都谈到了沿着布满了标志、廊柱、电线杆、垃圾箱、砂砾、自行车架和栏杆的街道行走是如何困难，他们用"可怕"、"噩梦"和"骇人听闻"这些形容词来描述混乱的街道。

图 9.5　这些卵石铺成的路面条带是旅程中的定时炸弹——它们高于地面，容易造成磕绊，而且患有视觉深度障碍的人容易把这些鹅卵石看成是台阶

图9.6　对于老年人和行动力有问题的人来说，这种铺装的粗糙表面可能令其行走变得很困难，同时这种铺装方式有可能会给有视觉和认知障碍的人造成头晕和混乱的情况

9.2　如何创造具有安全性的街道空间

有助于创造安全性街道的外环境因素

自然监控

　　在第 7 章中我们提到了这样一个事实，即与那些在独立住区居住的老人相比，居住在混合社区的老年人能够更轻松地获得自己所需要的服务和设施。这种混合住区除了为当地居民提供他们所需要的多样功能以外，也是一种积极的活动场所，它有助于帮助老年人减少无助感，督促他们不会过度自闭。

　　在第 4 章中我们讨论过建筑的门和窗户需要面向街道，从而给老年人提供一个更加熟悉的环境，并且这些立面元素应能帮助老年痴呆症患者识别出建筑的功能和性质。在第 5 章中我们还阐述了面向街道的建筑有助于提供一个视觉上有趣味性的街道立面，使老年人能够明确区分公共空间和私密空间。建筑物面向街道也会使人们沿街行走时感到更安全，因为街道与室内在视线上互相可达，这保证了行人在路面上出现意外时有人能够注意到。

　　通道和过道等隔离出来的人行通道是有效的连接其他路线的方式，如果设计良好，它们也可以为人们提供有吸引力和有趣味性的路径。然而，如果通道和隔墙是被单调的墙和栅栏隔开，或者其连接的地点很少有人使用的话，那么人们会感到非常不便而不愿意使用这些通道和过道。被隔离的步行路线应该是非常短的，应尽量与繁华的道路相连，并且确保从建筑物的门和窗可以看到它。

　　在第 5 章中我们解释了角度大于 90° 的不规则的网格模式是怎样的，也谈到微微蜿蜒的街道能为行人提供一个有趣的和清晰的街道布局。有的街道带有急转弯，行人往往不能预测转过街角会发生什么，与其相比，这种微微蜿蜒的街道更能使人感到安全。

人行交叉路口

　　在任何可能的情况下，尤其是在比较繁忙和宽阔的道路上，应该设置能够在底层进行信号控制的人行交叉路口。听觉信号应该采用相对低沉的音调，这样可以确保听力有缺陷的人能够听到；同时应保证视觉信号与听觉信号的同步。虽然所有可控信号灯人行横道都根据其所服务道路的不同要求而预设了固定的时间，供行人通行的时间有限，但对于老年人来说它还是比智能化路口更让人感到亲切；同时可控信号灯人行横道的路口两端都设有可视信号，这不仅令老年人感到非常熟悉，也使行人能够安心地穿越路口，认为自己非常安全。当然，如果能将可控

图 9.7 与其他类型的人行交叉路口相比，老年人对在路两侧带有语音提示和视觉信号，并能够提供信号控制的人行交叉路口感到更安全（SURFACE Inclusive Design Research Center 拍摄）

信号灯人行横道的熟悉性和智能化路口探测行人身体状态的能力相结合，那将是一种非常理想的人行交叉路口模式。对于交通量低于主要道路的次要交通来说，安全岛可能是人行交叉路口的一个很好的替代模式。

设计中很重要的一点是对减速带及其提示系统进行精心设计，使其形态不同于任何形式的人行交叉口。有的街道在黑色柏油碎石路面上画有白色的箭头以示交通方向，这种符号与斑马线看起来非常相似，这是一件非常危险的事情——有的老年人会混淆二者，而误将车辆通行的指示当成了人行通过的指示。

人行道

在第 7 章中我们介绍了人行道至少应 2 米宽，以确保老年痴呆症患者、

图 9.8 人行道应当宽阔、平坦、顺畅、水平、防滑，并采用不反光的铺装

行动力有问题的人和轮椅的使用者在迎面有人的情况下也能安全地通过；同时较宽的人行道也能使人们在行走时能够远离沿街穿梭的机动车辆。

人行道不应被分割成供行人使用和供自行车使用的两部分。在第 8 章中我们提出可以利用树木作为隔离带，使人行道上的行人得到缓冲而远离交通噪声。在人行道和车道之间布置的树木和草地也有助于对人行道路和车行道路进行限定，以及阻止机动车辆开上人行道。需注意的是潮湿的树叶会令脚底打滑，所以种植时应选择常绿树木（叶子不会经常飘落），或是小叶树木（即使叶子落下也能被风吹散）。

路面停车也可以在行人和机动车之间形成额外的屏障，并有助于减缓车速。当然，停放的车辆不像草地和树木那样吸引人，但是我们可以在停车空间穿插一些树木或是绿植，以达到装饰的目的。

最安全的、便于老年人在上面行走的路面应当平坦、顺畅、水平、防滑，并采用不反光的铺装。对于老年人来说，柏油碎石路面是最为安全的铺路材料，安全性次之的是平坦的大块铺路板。为防止陷入，格栅和排水沟的孔洞应该比手杖及鞋跟的尺寸小。为了避免老年人误将平面铺装误认为高差改变，人行道的铺装样式应尽量避免明显的差异和变化，但是利用铺装颜色或材质的变化却可以帮助进行功能区域的划分，例如，通过自行车道和人行道之间铺装的变化和对比可以有效地阻止人们进入自行车车道。街道上的隔墙墙体应该用对比度强的颜色和材料进行铺装，使有视觉问题的人们能够更加清楚地看到这些隔墙。

建筑的设计和规划应避免造成人行道上极暗和极亮的对比区域，而人行道也应该清理整齐，避免出现多余的杂乱物。

生活街道的安全性设计策略

具备安全性的生活街道应该具有以下特点：

- 混合的使用功能；
- 建筑物的门和窗面向街道；
- 自行车道通过明确的标志从人行道分离出来；
- 通过树木、路面停车场或自行车道将行人与机动车相分离；
- 在十字路口设置两端带有视觉和听觉信号的可控信号灯，将其通行时间设定为确保身体虚弱的老年人通行的足够时长；
- 在人行路及十字路口采用清晰的颜色和材质对比来设置车辆减速措施；
- 设置宽敞的人行道，并保证其维护良好、干净清洁；
- 路面铺装材料应平整无反射，应通过清晰的颜色和肌理与墙体、自行车道以及车辆减速带形成鲜明的对比；
- 路面铺装应平坦、顺畅、防滑；
- 格栅和排水沟的孔洞应该比手杖及鞋跟的尺寸小，以防陷入；
- 应种植叶片较小的树木，防止树叶下雨淋湿后粘连在路面上造成湿滑路面，引起老年人滑倒；
- 建筑的设计和规划应避免造成人行道上极暗和极亮的对比区域；
- 为有视觉障碍的人提供足够的街道照明；
- 应设置封闭的电话亭。

第三部分

生活街道——
未来如何？

第 10 章

生活街道的
实践

前文的第 4 章到第 9 章组成了本书的第二部分，概述了我们在对老年痴呆症的研究中所得出的设计指导原则，相信一旦这些原则应用于实践将有助于创建"生活街道"。我们总结概括了 65 条设计指导建议，包括了熟悉性、易读性、独特性、可达性、舒适性和安全性六个方面的考虑。

本章的主要目的是解释本书第二部分所提及的设计原则和设计手法如何付诸实践，并指出一些需要同时考虑的问题和客观事实。本章将进而讨论：我们得到的设计指导建议在何时何地能够应用于实践；在工作和实践中哪类人能够对使用这些建议负责以及他们应持有的方法和原则。

10.1 何时何地实践？

本文旨在将"生活街道"发展为一个可以在宽泛的情况下使用的设计建议范本。显然，实现"生活街道"的最理想模式是创建整座新城及定居点，随着英国政府首相办公室（ODPM 2003）"可持续住区规划"的启动，这种新的发展规划模式可以顺利实施，因为按照"生活街道"的设计策略进行设计的社区可以保证其可持续性。然而我们也意识到，新建社区在所有的规划实践中所占比例不大；城市住区往往是随着时间的推移而慢慢地改变，实践中对城市建成环境的改动量通常都非常小，因此城市对于能够应用在城市住区的重建和再生过程中的设计策略其实也很需要。"生活街道"中固然有一些建议只能在新发展的城市住区中实践和应用，但是更多的建议对于现存住区的重建和再生依然有效，列举如下：

新建居住区

针对新建的居住区或定居点"生活街道"有以下 17 条设计策略：

1. 小型街区应采用不规则的网络体系，这种网络体系以最小的十字路口为形成基础。

2. 街道应采用由主到次的等级制度。

3. 道路应避免长直的形态，宜微微蜿蜒。

4. 应采用多样的城市结构和建筑形制。

5. 住区内部应混合使用大量的服务设施以及开放空间。

6. 在车行道和人行道之间应采用树木及草地来设置缓冲区。

7. 建筑形态设计应能反映其使用功能。

8. 建筑入口应明显可见。

9. 区域内应设置标志性的、独具特色的活动场所。

10. 应设置别致有特色的道路节点。

11. 人行道应宽敞、平整、防滑，同时人行道不应兼做自行车道。

12. 在交通量大、人群频繁穿越的交叉路口设置适于老年人使用的发声提示器。

13. 如果地面存在高差，应在设置坡道或台阶的同时设置扶手，清晰地标示出高度上的变化。

14. 应确保所有的标示系统均清晰可见。

15. 应设置带有扶手和靠背的木质座椅。

16. 巴士站宜封闭设计，其内部应设置座椅。

17. 在地面层设置厕所。

图 10.1 对以上 17 条策略进行了概括说明，它是本书中最重要的插图——它总结概括了适合老年痴呆症患者使用的生活街道的重要特质。

这些策略可以应用于以下设计：

■ 新城镇设计；
■ 新城市扩容；
■ 现有城市或郊区土地上兴建的新"都市村庄"；
■ 可持续住区；
■ 私人或社会的大型房屋发展计划。

我们建议在设计的早期阶段就应用这些设计策略，其中那些与城市整体规划布局和街道网络形状相关的设计策略只能在早期阶段应用，而其他诸如人

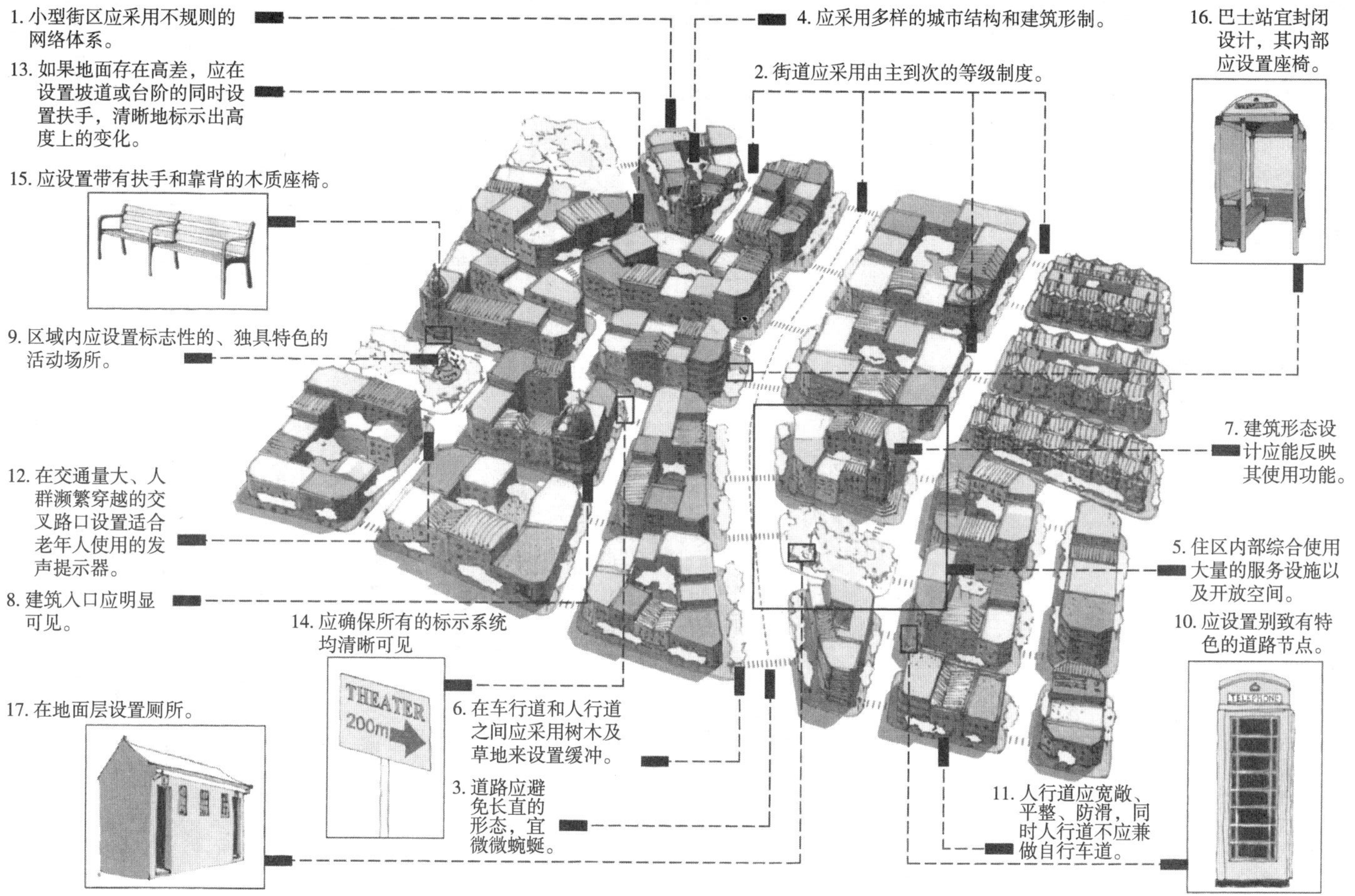
1. 小型街区应采用不规则的网络体系。
13. 如果地面存在高差，应在设置坡道或台阶的同时设置扶手，清晰地标示出高度上的变化。
15. 应设置带有扶手和靠背的木质座椅。
9. 区域内应设置标志性的、独具特色的活动场所。
12. 在交通量大、人群濒繁穿越的交叉路口设置适合老年人使用的发声提示器。
8. 建筑入口应明显可见。
14. 应确保所有的标示系统均清晰可见
THEATER
200m
17. 在地面层设置厕所。
6. 在车行道和人行道之间应采用树木及草地来设置缓冲。
3. 道路应避免长直的形态，宜微微蜿蜒。
4. 应采用多样的城市结构和建筑形制。
2. 街道应采用由主到次的等级制度。
16. 巴士站宜封闭设计，其内部应设置座椅。
7. 建筑形态设计应能反映其使用功能。
5. 住区内部综合使用大量的服务设施以及开放空间。
10. 应设置别致有特色的道路节点。
TELEPHONE
11. 人行道应宽敞、平整、防滑，同时人行道不应兼做自行车道。

图10.1　生活街道的重要特质（Daniel Kozak绘制）

行道和公路的设计策略则需要在详细规划阶段考虑，涉及街道小品等更细层级的设计策略则可以在施工图设计阶段考虑实施。

现状街区改造

生活街道的设计策略在进行涉及现状城市街区的改造设计时也可以得以应用：

■ 城市现状街区改造设计；

■ 城市衰败地区复兴设计；

■ 城市密集型发展规划；

■ 城市某地区小规模加建设计；

■ 城市某地区开放空间改造设计；

■ 现有街道小品的翻修和扩建设计。

我们提出的涉及现状街区改造的主要设计策略有如下几点：

1. 确保改建改造类设计对城市的改变是小规模的、循序渐进的。

2. 在可能的情况下增加街道上人行和车辆之间的联系，以减小街区的尺度（例如，将部分人行道合并成为新的车行道，或在现有车行道上重新划分出新的人行通道）。

3. 增加对新建筑和新设施的混合使用。

4. 增设地标性的、独具特色的建筑物、开放空间及活动场所。

5. 确保新建筑的色彩选择、窗户样式、屋顶铺装以及整体形式能够发扬地方特色，并应确保其多样性。

6. 在道路路口（特别是复杂的路口）增设邮箱、电话亭、树木、雕像等特殊功能的街道小品。

7. 通过增设门廊、雨篷和清楚的标志来突出公共建筑的入口。

8. 应适当增加人行道的宽度，这可以通过减小机动车辆道路的宽度来实现。

9. 在交通繁忙的路段增设树木、绿篱等缓冲区，以阻隔行人与车辆。

10. 取消人行道上的自行车道，将这部分功能合并到机动车车道上。

11. 增设人行横道。

12. 在所有有台阶的地方增设倾斜率不超过1/20的坡道。

13. 所有台阶及坡道均设扶手。

14. 整修公共建筑中破损的标志和指示牌，尤其是垂直于墙面的那些。

15. 去除所有不明确和不必要的指示牌。

16. 将所有不明确的道路方向指示牌更换为清晰的，即将尺寸较大的图形和指示符号衬托在对比鲜明的背景上（最好采用浅色背景和深色字体的对比），所有的方向标志都应该采用单一指针的样式。

17. 对现存建筑形式进行细节的多样化处理，例如将门窗漆成不同颜色，增添窗台花盆箱等。

18. 设计中只采用适合老年人使用的座椅、电话亭、公共汽车候车站及厕所等共用设施，具体手法参见细节建议。

19. 必要时对现有街道上的建筑大门进行普查和更换，将所有圆形扶手改为横杆扶手，并且安装时注意应确保只需 2 千克以内的力便可以开启。

20. 增强人行路口的视觉信号和听觉信号，必要时应适当延长信号时间。

21. 将目前人行道上凹凸不平或令人眼花缭乱的铺装改为平坦朴素没有花样纹饰的。

22. 避免过多尺寸大小不一、样式琳琅满目的广告牌和标志板造成道路视觉上的凌乱。

23. 在必要处增设道路照明设施。

有的城市既没有计划开发新区，也没有计划更新旧城，针对这种情况我们也给出了一定的设计建议，如果能够在城市设计中应用这些设计建议，就会使城市生活更接近"生活街道"的模型，更加适合居住，并保证未来的可持续发展。

1. 增设地标性的、独具个性的建筑、开放空间及活动场地。

2. 在道路路口（特别是复杂的路口）增设邮箱、电话亭、树木、雕像等特殊功能的街道小品。

3. 通过增设门廊、雨篷和清楚的标志来突出公共建筑的入口。

4. 应适当增加人行道的宽度，这可以通过减小机动车辆道路的宽度来实现。

5. 在交通繁忙的路段增设树木、绿篱等缓冲区，以阻隔行人与车辆。

6. 取消人行道上的自行车道，将这部分功能合并到机动车车道上。

7. 增设人行十字路口。

8. 在所有有台阶的地方增设倾斜率不超过 1/20 的坡道。

9. 所有台阶及坡道均设扶手。

10. 整修公共建筑中破损的标志和指示牌，尤其是垂直于墙面的那些。

11. 去除所有不明确和不必要的指示牌。

12. 将所有不明确的道路方向指示牌更换为清晰的，即将尺寸较大的图形和指示符号衬托在对比鲜明的背景上（最好采用浅色背景和深色字体的对比），所有的方向标志都应该采用单一指针的样式。

13. 对现存建筑形式进行细节的多样化处理，例如将门窗漆成不同颜色，增添窗台花盆箱等。

14. 设计中只采用适合老年人使用的座椅、电话亭、公共汽车候车站及厕所等共用设施,具体手法参见细节建议。

15. 必要时对现有街道上的建筑大门进行普查和更换,将所有圆形扶手改为横杆扶手,并且安装时注意应确保只需 2 千克以内的力便可以开启。

16. 增强人行路口的视觉信号和听觉信号,必要时应适当延长信号时间。

17. 将目前人行道上凹凸不平或令人眼花缭乱的铺装改为平坦朴素没有花样纹饰的。

18. 避免过多尺寸大小不一、样式琳琅满目的广告牌和标志板造成道路视觉上的凌乱。

19. 在必要处增设道路照明设施。

定期的街道修缮能够为创造"生活街道"做出积极的贡献。参与调查的受访者大都提到了对街道设施维护的缺失是他们在户外活动时所遇到的最大难题,他们提出破损的铺装和凹凸不平的路面会造成他们走路磕磕绊绊甚至跌倒,他们还指出秋冬季节树木产生的大量落叶会堆积在街道上,如不能及时清除会伴随一定的降雨这些落叶会导致他们滑倒,因此他们希望人行道两旁的树木和树篱能够定期修剪。

10.2 谁来实施?

很多专业人士、专业机构和团体都可以参与到"生活街道"策略的执行中来,其中大部分应该是室外环境的设计或维护工作的从业者,而城市相关政策的决策者也应是"生活街道"的积极参与者,他们可以帮助我们在实践中推广这些策略。

我们希望"生活街道"的概念能在土地使用规划政策、住房政策、城市政策等方面被采纳和推广,它也可以作为社会研究方面的具体实施策略参与可持续发展政策的推广和实施,作为一种特殊的设计策略,它可以作为任何此类政策的补充指导策略。目前房屋公司新推广的可负担住房计划方案中已将"生活街道"策略通过《一生的邻里——面向老年痴呆症患者的户外环境设计建议一览表》(Neighbourhoods for life: A Checklist of Recommendations for Designing Dementia-Friendly Outdoor Environments)项目的宣传单进行了推广(Mitchell、Burton and Raman,2004)。

"生活街道"实践中的实施者锁定为以下人群:

■ 街道环境的创造者——

——建筑师;

——城市设计师;

Neighbourhoods for Life

A checklist of recommendations for designing dementia-friendly outdoor environments

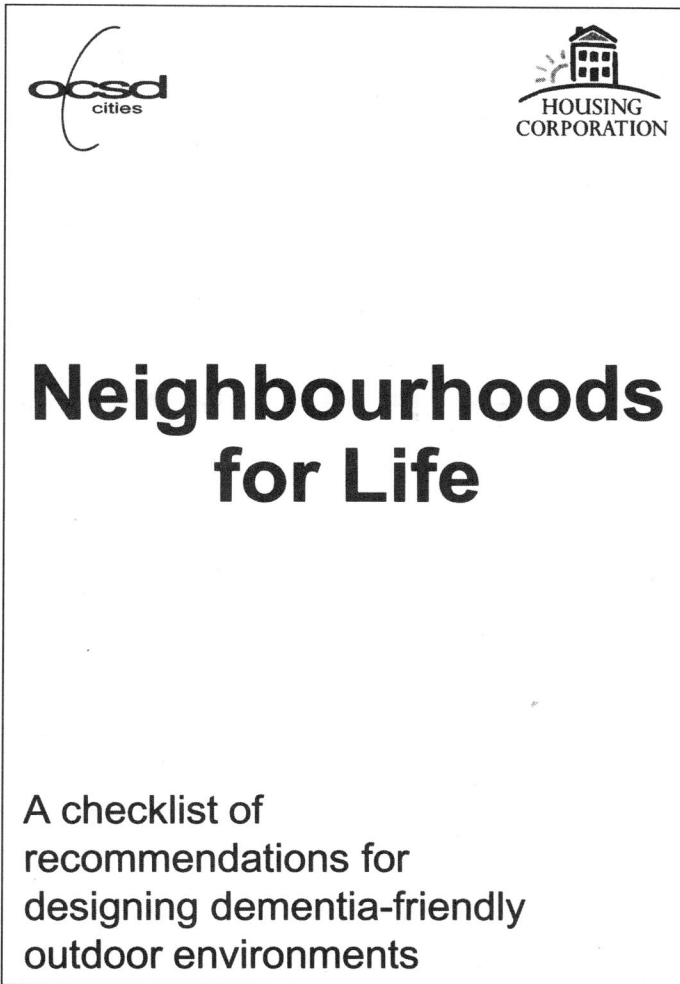

图 10.2　房屋协会的宣传单——《一生的邻里——面向老年痴呆症患者的户外环境设计建议一览表》，由英国房屋公司（the Housing Corporation）资助［Mitchell、Burton and Raman，2004］

——规划师；

——道路工程师；

——私营开发商；

——住房协会；

——街道设施制造商。

■ 街道环境的管理者——

"生活街道"针对不同职能部门的指导建议

指导建议	职能部门											
	建筑师	城市规划师	发展规划设计师	道路工程师	私人开发商	非营利开发商	街道小品制造商	维护部门	准人官员	城市中心管理者	房地产经理	当地居民
新建居住区												
1. 小型街区应采用不规则的网络体系，这种网络体系以最小的十字路口为形成基础	√	√	√		√	√						
2. 街道应采用由主到次的等级制度	√	√	√	√	√	√						
3. 道路应避免长直的形态，宜微微弯曲	√	√	√	√	√	√						
4. 应采用多样的城市结构和建筑形制	√	√	√	√	√	√						
5. 住区内部混合使用大量的服务设施以及开放空间	√	√	√		√	√						
6. 在车行道和人行道之间应采用树木及草地来设置缓冲区	√	√	√	√	√	√						
7. 建筑形态设计应能反映其使用功能	√	√	√		√	√						

续表

指导建议	职能部门											
	建筑师	城市规划师	发展规划设计师	道路工程师	私人开发商	非营利开发商	街道小品制造商	维护部门	准入官员	城市中心管理者	房地产经理	当地居民
8. 建筑入口应明显可见	√	√	√		√	√						
9. 区域内应设置的、独具特色的活动场所	√	√	√		√	√						
10. 应设置别致有特色的道路节点	√	√	√	√	√	√						
11. 人行道应宽敞、平整、防滑，同时人行道不应兼做自行车道	√	√	√	√	√	√			√			
12. 在交通量大、人群频繁穿越的交叉路口设置适于老年人使用的发声提示器		√	√	√	√	√			√	√		
13. 如果地面存在高差，应在设置坡道或台阶的同时设置扶手，清晰地标示出高度上的变化	√	√	√	√	√	√			√	√		
14. 应确保所有标示系统均清晰可见	√	√	√		√	√	√		√	√	√	
15. 应设置带有扶手和靠背的木质座椅		√			√	√	√		√	√	√	
16. 巴士站应闭封设计，其内部应设置座椅							√			√	√	
17. 在地面层设置厕所	√	√	√		√	√				√	√	

续表

现有街区改造	建筑师	城市规划师	发展规划设计师	道路工程师	私人开发商	非营利开发商	街道小品制造商	维护部门	准入官员	城市中心管理者	房地产经理	当地居民
1. 确保改建改造类设计对城市的改变是小规模的、循序渐进的	√	√	√		√	√						
2. 在可能的情况下增加街道上人行和车辆之间的联系，以减小街区的尺度（例如，将部分人行道合并成为新的车行道，或在现有车行道上重新划分出新的人行通道）		√	√	√	√	√				√		
3. 增加对新建筑和新设施的混合使用	√	√	√		√	√						
4. 增设地标性的、独具特色的建筑物、开放空间及活动场所		√	√		√	√			√	√	√	
5. 确保新建筑的色彩选择、窗户样式、屋顶铺装以及整体形式能够发扬地方特色，并应确保其多样性	√		√		√	√			√	√	√	

续表

现有街区改造

	建筑师	城市规划师	发展规划设计师	道路工程师	私人开发商	非营利开发商	街道小品制造商	维护部门	准入官员	城市中心管理者	房地产经理	当地居民
6. 在道路路口（特别是复杂的路口）增设邮箱、电话亭、树木、雕像等特殊功能的街道小品	√	√			√	√			√			
7. 通过增设门廊、雨篷等清楚的标志来突出公共建筑的入口		√			√	√				√		
8. 应适当增加人行道的宽度，这可以通过减小机动车辆道路的宽度来实现		√		√					√	√		
9. 在交通繁忙的路段增设树木、绿篱等缓冲区，以阻隔行人与车辆		√		√					√	√		
10. 取消人行道上的自行车道，将这部分功能合并到机动车车道上		√		√					√	√		
11. 增设人行横道		√		√					√	√		
12. 在所有有台阶的地方增设倾斜率不超过 1/20 的坡道				√					√	√	√	
13. 所有台阶及坡道均设扶手				√					√	√	√	

141

续表

现有街区改造	建筑师	城市规划师	发展规划设计师	道路工程师	私人开发商	非营利开发商	街道小品制造商	维护部门	准入官员	城市中心管理者	房地产经理	当地居民
14. 整修公共建筑中破损的标志和指示牌，尤其是垂直于墙面的那些					√	√	√	√	√	√	√	√
15. 去除所有不明确和不必要的指示牌					√	√		√	√	√	√	
16. 将所有不明确的道路方向指示牌更换为清晰的，即将尺寸较大的图形和指示符号衬托在对比鲜明的背景上（最好采用浅色背景和深色字体的对比），所有标志都应该采用单一指针的样式					√	√		√	√	√	√	
17. 对现存建筑形式进行细节的多样化处理，例如将门窗漆成不同颜色，增添窗台花盆等	√				√	√		√	√	√	√	√
18. 设计中只采用适合老年人使用的座椅、电话亭、公共汽车候车站及厕所等共用设施，具体手法参见细节建议								√	√	√	√	

续表

现有街区改造	建筑师	城市规划师	发展规划设计师	道路工程师	私人开发商	非营利开发商	街道小品制造商	维护部门	准入官员	城市中心管理者	房地产经理	当地居民
19. 必要时对现有街道上的建筑大门进行普查和更换，将所有圆形扶手改为横杆扶手，并且安装时注意应确保只需 2 千克以内的力便可以开启					√	√		√	√	√	√	√
20. 增强人行路口的视觉信号和听觉信号，必要时应当延长信号时间				√					√	√	√	
21. 将目前人行道上凹凸不平或令人眼花缭乱的铺装改为平坦朴素没有花样纹饰的			√	√	√	√		√	√	√	√	
22. 避免过多尺寸大小不一，样式琳琅满目的广告牌和标志板造成道路视觉上的凌乱			√	√	√	√		√	√	√	√	
23. 在必要处增设道路照明设施			√	√				√	√	√	√	√

续表

对现有城市空间的维护和修缮

	建筑师	城市规划师	发展规划设计师	道路工程师	私人开发商	非营利开发商	街道小品制造商	维护部门	准入官员	城市中心管理者	房地产经理	当地居民
1. 维修受损的人行道和车行道				√				√	√	√	√	
2. 削减绿篱和树木				√				√	√	√	√	√
3. 经常性地清洗人行道和车行道				√				√	√	√	√	√
4. 频繁地清理垃圾								√	√	√	√	√

——地方政府部门；

——地方规划管理局；

——准入官员；

——城镇、城市中心管理者；

——大型购物中心等公共建筑的管理者；

——当地居民。

显然，不同人群对"生活街道"的实施力度、实施范围、实施细则均有所不同，如表 10.1 所示。

10.3　如何实施？

本单元考虑到实现"生活街道"概念的不同方法，通过以上表格为不同职能部门提供了不同的设计建议，以期将它们更好地贯彻到实践中。

全部实施还是无法实施？

无论是在新建居住区设计中还是在现状街区的改造设计中，如果所有的建议都能被实施和贯彻，那么"生活街道"模型一定会实现。然而，我们既不提倡采用以上全部方法，也不赞同什么也不做的极端做法。每项建议都有其自身的价值，它们能帮助我们创造老年人易于使用和乐于使用的街道；能够在实践中贯彻更多的建议固然很好，但只要能够应用其中任意一条都会帮助我们塑造具有包容性的街区。建议中有大量基本建议适合所有的老年人，也有一些是特别针对老年痴呆症患者提出的。从具有更广泛的现实意义和潜在优势的角度出发，我们暂将"生活街道"的设计要点列为以下 17 项（按重要性降序排列）：

1. 住区内部应混合使用大量的服务设施以及开放空间。

2. 人行道应宽敞、平整、防滑，同时人行道不应兼做自行车道。

3. 在交通量大、人群频繁穿越的交叉路口设置适于老年人使用的发声提示器。

4. 应确保所有的标示系统均清晰可见。

5. 应设置带有扶手和靠背的木质座椅。

6. 小型街区应采用不规则的网络体系，这种网络体系以最小的十字路口为形成基础。

7. 如果地面存在高差，应在设置坡道或台阶的同时设置扶手，清晰地标示出高度上的变化。

8. 在地面层设置厕所。

9. 巴士站宜封闭设计，其内部应设置座椅。

10. 应采用多样的城市结构和建筑形制。

11. 在车行道和人行道之间应采用树木及草地来设置缓冲区。

12. 区域内应设置标志性的、独具特色的活动场所。

13. 街道应采用由主到次的等级制度。

14. 应设置别致有特色的道路节点。

15. 建筑入口应明显可见。

16. 建筑形态设计应能反映其使用功能。

17. 道路应避免长直的形态,宜微微蜿蜒。

这里提出的多功能混合使用首先是为了能够让那些经常感觉到自己行走困难的人能够容易到达不同的服务设施及开放空间。我们进而列出了能够帮助老年人安全、舒适地到达其目的地的多种设计策略。宽敞、平坦、防滑的人行步道,以及足够的座椅、厕所和扶手都是非常重要的。老年人能够通过网格模式的街区中连接良好的路网更直接地通过步行到达他们的目的地也是很重要的,这给他们提供了更多的路线选择,并避免了长距离步行或死胡同造成的混乱。其余的建议都是针对老年痴呆症患者提出的,这将帮助他们进行位置定位,从而清晰地了解周围环境,避免迷路。建议的焦点是确保环境的多样化、标志性和特殊性,而不同的专业团体和专业人士针对创造和管理街道空间负有不同的职责。

回到原则

我们认为强调"生活街道"的设计原则、评判标准及其客观程度与设计建议同样重要。上文提出的所有设计建议仅仅基于我们对有限数量的老年人进行的调查和研究,除此之外也许还有能够满足熟悉性、易读性、独特性、可达性、舒适性、安全性6项原则的方法。对于想要创造"生活街道"的人们,我们应该鼓励他们进行街道和街区设计时能够回过头来关注老年人的需求,这才是设计的必要条件。本书提出的具体设计策略一方面是源于作者的经验,我们认为这些策略非常容易应用于实践,尤其是易于被设计者采纳;另一方面也是源于我们访谈的老年人对其生活环境的强烈意见和感受。但这并不说明我们的答案是唯一解,这仅是对适合老年人和老年痴呆症患者使用的外部环境的一项基础性研究,未来还有很多研究等待我们去进一步关注。

另外,我们并不想通过提出"生活街道"的设计策略而限制设计师的创造力,优秀的设计师能够根据个案的不同情况提出更好的解决方案。我们只是基于老年人对于周边环境的看法提出了基础性的建议,而新的解决方案可以是针对建成环境的,也可能是技术层面的探索。

因此我们建议,在设计"生活街道"时或者同时参考设计原则和设计策

图 10.3　住区内部大量服务设施和开放空间的多功能混合使用也许是"生活街道"最基本的组成要素

略，或二者仅取其一。我们希望随着时间的推移会有更多的人为"生活街道"
概念的设计策略探索做出更多的贡献。

合乎逻辑的设计

　　理想状态下，"生活街道"设计策略应与其他生活设计方面导则一起使
用。试想，如果老年人的家不再舒适，那么他们是否仍能继续使用当地街
道还有何意义？此外，老年人需要便利和舒适的交通运输系统（无论是私
营的或公共的），需要享受高质量的生活，需要便于使用的开放空间，需要

图10.4　宽敞、平整的人行道是"生活街道"的一个关键特性

便捷地使用商店、图书馆、医疗建筑、宗教场所和其他服务设施。我们认为如果将"生活街道"的概念扩展开，就能形成一整套全新的包容性设计方法，"生活街道"将成为其中的重要部分；这套包容性设计方法能够广泛应用在设计的各个领域，从扶手椅设计到家装设计、从街道设计到城镇中心规划设计。

综合考虑

　　设计师在设计室外环境时由于要综合考虑多种需求而面对着巨大的挑战。城市环境是复杂的，因为随时间的变化其使用者和使用用途都有所不同——城市区域的用途取决于天气、季节、时间，也取决于区域内所发生的事件，以及任意事件运作的设施和服务装置。在创造和维护街道、街区时有许多问题需要考虑，包括：

■ 文化遗产保护；
■ 环境的可持续性；
■ 其他使用者的需求（例如不同年龄和身体情况的来访者和居民）；
■ 设计师的需求（例如审美目标）；
■ 开发商的需求（例如成本效益、维护的便利）。

　　我们不认为"生活街道"的设计策略应该凌驾于其他原则之上，显然它必须与其他需求一同被考虑，甚至存在冲突和矛盾也是在所难免的，实践中应根据不同情况而有所取舍。

　　我们已经与一组负责创建城市环境的专业人员合作检验了我们提出的设计策略，以找出其中是否存在问题（例如看其在成本运营和实用性方面是否可行，以及它们是否与其他使用者的需求相冲突），我们只保留了那些有利于所有使用者的建议。然而，所有的设计策略并未进行更为详细的检验。它们仅仅针对可持续发展的一个方面形成了一定的导则，而对于构建可持续社区这些策略的作用还有待进一步观察；我们已着手进一步的研究来获取这方面的信息，希望"生活街道"能成为未来可持续社区和城市总体开发设计指导的一个组成部分。

第 **11** 章

生活街道的
进一步
探索

导言

    本书的第一部分概述了"生活街道"理念的由来及其存在的现实意义。第二部分则提出了一系列的设计策略，并通过论证指出这些策略的应用将有助于"生活街道"理念的实现。第三部分的第 10 章阐释了实施上述策略的方法途径、应用范围及其有效执行者。接下来我们将以此为基本点探讨"生活街道"将走向哪里，其现实指导意义如何，其局限性如何，以及未来进一步的工作方向。

11.1　进一步的工作

世界各地的人们对"生活街道"理念的提出表现了相当大的热情，纷纷与我们联系并提出建议。对此我们深感荣幸，同时这种乐趣也成为我们撰写本书的一个动力。然而我们仍然应该注意，现有研究存在明显的局限性，主要表现在：

调查广度

"生活街道"策略的提出是基于对 45 名老年人（包括正常老年人和老年痴呆症患者）的样本研究，是一项应用了新研究方法的开拓性工作。我们深入走访了这些老年人，向他们展示各类街道设计的照片，并询问他们对于当地街道及居民区的看法。我们还陪同他们在社区里散步，实地查看了对他们活动产生正面或负面影响的种种因素，以获得第一手的资料。因此我们对于自己的研究确实接触到了设计应关注的基本点而充满自信，而这些基本点恰恰是造成人们生活质量不同的重要因素。尽管如此，为了进一步增强可信度，我们还应该走访更多的老年人。

目前我们正通过一个名为"I'DGO 通向室外的包容性设计（Inclusive Design for Getting Outdoors）"的计划开展工作（详见网站 http：//www. idgo. ac. uk）。此项计划由英国工程和自然科学研究理事会（the Engineering and Physical Sciences Research Council）资助，合作伙伴如下：

- "表面"包容性设计研究中心，索尔福德大学（SURFACE Inclusive Design Research Centre，the University of Salford）；
- 开放空间研究中心，爱丁堡艺术学院/赫瑞瓦特大学（OPEN space Research Centre，Edinburgh College of Art/Heriot Watt University）；
- 消费者事务研究所（RICAbility，Research Institute for Consumer Affairs）；
- 英国房屋公司（Housing Corporation）；
- 老年痴呆症中心（Dementia Voice）；
- 老年人感官和感知基金会（Sensory Trust）。

通过这个项目，我们会进一步对 200 名老年人所处的居住区环境进行访问和调研，同时对居住区的设计特点进行跟踪记录，以期发现人们能否对社区的某些特定形式做出积极反应。

图 11.1　我们正在通过 I'DGO 项目对"生活街道"模型进行调查，本研究由 EPSRC 资助（2002—2006 年）（OPENspace Research Centre Takemi Sugiyama 提供）

调查深度

迄今为止我们一直在进行慎重而广泛的研究，以此得出老年人对于室外环境设计的意见和需求。以上这些说明我们的研究是全面的，同时因为我们不能把精力放在所有方面，应在研究中有所侧重。

图 11. 2　我们需要对设计的某些方面进行更详细的调研，如私人户外空间

　　基于 I'DGO 项目已有的成果，我们计划通过更详细的调研，对室外环境的某些方面进行进一步的研究。例如，我们可能会针对供老年人使用的花园和其他私人室外空间（包括阳台和露台等）展开调查，以确定哪些是老年人最需要的设计。英国政府正在推行城市复兴政策和可持续社区规划发展战略（Sustainable Communities Plan），要求开发商在老城区用地上建设高密度的住房，在这种背景下我们的研究尤为重要。推行这些政策的原因是老龄化人口的日益增长导致社会对新建住房的巨大需要——通常老年人都自己住，往往不需要太大的空间。而这种高密度的发展也带来了一定的危

机，即社会住区中私人花园空间的大量缺失。我们认为重要的是通过调查发掘出老年人户外活动空间的价值所在，即使在没有多少土地可用的情况下，仍能让他们最大限度地享用留给他们的花园空间——例如花费不多且富有艺术魅力的阳台是否可作为花园的替代品？另外还有一些问题需要解决，在养老院和护理中心中如何设计户外开放空间？如果不能设计独享空间，那么这些由居民们分享的户外空间将如何服务于使用者，令他们身心愉悦呢？

进一步的研究是没有止境的，例如：我们应关注广场等城市开放空间的设计，以及公众座椅等体型小巧却很有特点的设计等。我们希望随着时间的推移设计会有更多方面的更新，这会给我们提供更多更深入、更详尽的信息，从而建立起真正可持续发展的室外场所。

住区以外的外环境设计

从整体街道网络到人行道、座椅等细节形式设计，"生活街道"策略涵盖了住区设计的方方面面。然而它并不能涵盖所有的室外设计，例如开放的乡村、森林、郊野公园、国家信托财产（National Trust properties）和其他休闲景点。虽然策略中有一部分涉及公园、广场和其他大型公共空间，但并不包括细部设计。

"生活街道"策略也并不包括更大规模的地区乡村规划及战略发展的管理。如何应对未来的人口增长，城市是否应向周边扩展，是否应建立卫星城、发展周边小城镇等诸多问题都亟待解决。如何在这种规模和范畴下选择未来的发展方向是一个崭新的课题，它可能会影响老年人的生活质量。需要注意的是，城市战略层面的选择对于这部分人群来说尤为重要，他们尤为关注是否能够获得足够的服务设施和绿色空间。

个体差异

在制定"生活街道"策略的过程中，我们力图从参与调查老年人的观点中提取出一些共同点，归纳出一些共同的发展趋势；然而不同的老年人对户外环境的看法有很大的差异。街道环境显然应该为大多数人服务，而不仅仅取悦个别人，所以我们必须找出能满足大多数人需要的设计特征；同样，"生活街道"也不可能服务于所有人。人有各自的优缺点和个性，因此人与人之间总会存在着差异。对于那些重视社会交往的老人，室外设计应该提供给他们更多的交往与聊天的机会；而对于那些喜欢安静的老年人，他们认为个人隐私高于一切，那么设计中对于这一点也应给予支持。这种个性矛盾带来的问题很难解决，也许一些立足于服务个体的技术措施能够在一定程度上消除个体差异对环境设计带来的影响。我们也可以设计更为灵活多变的室外环境，使其满足多种方式的使用要求，从而适应不同个体的需要。这是一种新的设计思路，还需要进一步的调研和深入的思考。

与其他使用者的潜在矛盾

"生活街道"策略很大的一个局限性在于我们无法详尽调查不同使用者之间的矛盾。我们和业内专家及相关户外空间的设计人员验证了初步得出的调查结果，并且根据验证结果去除了那些可能对其他使用者有问题的策略，但是"生活街道"策略对儿童、青年人、推婴儿车的父母以及知觉障碍人士的意义还需要进一步的研究发掘。我们希望"生活街道"能成为这样一个场所——在这里，孩子们可以安全地玩耍，少年们的聚会不会妨碍别人，各种各样的人都能使用并体验到这样的室外环境。人们利用街道是出于各种各样的理由，除了交通功能以外，还可以见面、聊天、遛狗、散步、跑步或游戏。对于"生活街道"来说需要相当的包容性，尽量让每个人都毫无困难地使用它。

与其他交通需求的潜在矛盾

迄今为止我们的研究仅限于行人，因为我们一直关注于老年人在住区街道步行时的感受。我们没有调查骑自行车者或者司机的需求，也没有考证"生活街道"策略对他们来说是否有不利的方面。实际上，在居民区内能够自由方便地驾驶车辆是确保老年家庭具有良好生活质量的重要因素之一。良好的设计不仅要提供一个良好的步行环境，还需要提供一个优良的驾驶环境。这是一个应该深入研究的课题，我们认为步行优先仅仅是因为众多老年人不会开车、不能开车，或者压根没有车开。我们采访过的残疾人也不能连续驾驶，因此在那些有利他们步行的地方应该限制车辆通行。

包括公共服务、基础设施和交通车辆在内的公共交通设施的设计质量对于老年人来说也非常重要。随着年龄的增长，很多人开始使用公共交通设施，其使用量增多。尽管前文已经将公共汽车候车亭作为街道小品进行了设计讨论，但关于交通车辆、公共服务以及广义的基础设施建设尚未进行深入的探

图 11.3　"生活街道"应该适合所有年龄层的
　　　　　人，不仅仅是老年人

索。希望今后将有公共交通方面的专家来解决这些问题，或是在未来的几年
中对此展开研究。

图 11.4　行人和骑车者之间因需求不同可能产生矛盾

与其他可持续发展需求的潜在矛盾

　　可持续发展是一个涵盖广泛的课题，它包括社会可持续发展、环境可持续发展和经济可持续发展三个子课题。"生活街道"策略主要针对社会可持续发展方面，其研究目的就是改善人们的生活质量并为人们提供开放的场所。可持续发展的社会环境具有以下特点（Burton，2000、2003）：

■ 为所有人提供高质量的生活；

■ 开放性（所有人都可以使用它）；

图 11.5 "生活街道"是宜于步行的街道；出于可持续发展目标的需要，它们对公共交通也应有所支持

■ 安全性（从交通和犯罪角度）；

■ 方便散步；

■ 有足够的服务设施和开放空间。

　　以上这些特点与"生活街道"紧密相连。环境的可持续发展主要涉及减少能源使用、节约资源、限制污染，提倡通过步行、骑车及使用公共交通工具来代替私家车的使用是其中一项基本目标。"生活街道"策略明确支持这一目标的实现。然而还有其他一些环境目标通过以上策略是难以达到的：例如，低能耗的一项新技术是通过太阳能电池板提供能源，这一技术需要低密度的城市形态作为支持，而低密度的城市形态会导致城市各种服务设施的服务半径增大，这对于老年人来说是非常不合理的。因此，

我们必须进一步探讨社会可持续发展与环境可持续发展、经济可持续发展之间的潜在矛盾，但整体来看"生活街道"策略对可持续发展观的作用是积极的。

现实和经济上的可行性

在这一方面我们还没有深入探讨。如果对城市的新建或扩建的初始阶段就将"生活街道"策略纳入设计过程，似乎就不太可能产生任何额外的费用。然而为了使已有的城市区域契合"生活街道"的理念就需要支出一定的费用，但是这笔费用其实开销并不大，很多都是对现有设施的维护，例如油漆门窗，修补墙壁以及改造大门等。我们将分析"生活街道"经济上的可行性以及未来的发展构想，也期待您的关注。

与设计师要求的潜在矛盾

我们最关心的问题就是把调研成果交给设计师后会是何种情况。我们提出的策略可能很难被应用，其原因有两条：

1. 设计师没有时间把"生活街道"策略和所有其他限制条件进行综合考虑，或者缺乏有力的途径。

2. 设计者可能会觉得我们提出的设计策略限制了他们的创造力，或者这些策略与艺术上的审美问题相冲突。

目前我们正通过前文提到的 I'DGO 项目解决第一个问题。该项目的一个组成部分就是通过问卷调查访问设计者和其他室外环境的创造者，了解他们关于为老年人进行的设计都知道些什么，想知道什么，以及他们希望得到哪些方面的设计导则，这些导则的形式等。我们希望利用从调查问卷得出的研究成果，通过 I'DGO 计划的研究，制定出新的指导原则。

"生活街道"的调研成果从建筑师、城市设计师和地方规划局那里得到了很好的反馈，但我们觉得可能会有一些专业人士将它们解读为将"现代"风格排除在外的东西。我们一直谨慎地认为老年人并不一定都喜欢传统的设计，相反，他们更喜欢功能明确、识别性强的设计。如果说一所教堂看起来的确像教堂（也许是因为它有一个尖顶），即使它是现代风格的设计，对"生活街道"来说它也是好的设计。和其他人一样，当涉及审美的时候，老年人的好恶也会有很大差异，因而根本不可能为他们指定某种特定风格的设计，这就给设计师留了很大的创作空间。我们提出的策略不是在美学方面加以规定，而是用来限制例如人行道铺装材质不能太光滑等物质因素，但在其他方面仍然可以自由发挥——例如栽种的植物，照明的灯光和装饰的特点等；同时设计师对"生活街道"策略的看法对我们来说是很有益的反馈，因此我们非常看重这种层面的反馈。

11.2　"生活街道"的贡献

了解老年人对室外环境的观点

在我们进行"可持续环境满意度研究（WISE）"的研究以前，科研领域并没有任何一项专项研究去调查老年人对室外环境设计的看法，也没有人征询老年痴呆症患者对其生活街区的观点看法。幸运的是，我们通过这项研究了解了老年人外出的目的，通常什么时候会外出以及外出的方式、外出时的感受和他们对于设计的关注所在（Burton and Mitchell，2003）；同时我们也掌握了老年痴呆症患者和正常人在感官和直觉上的最大差异在哪里。这些经验对需求不同的人群都是宝贵的资料，它们不仅能用于设计基础导则的制定，还可以为公共交通管理者及社区活动参与者提供方便。

提高老年人的生活质量

我们的研究以及"生活街道"策略的最终目标都是为了提高老年人的生活质量。当我们制定城市设计原则的时候，其目的通常都是为了在一定程度上提升人们的生活质量，或者提高使用者的享受水平及满意度。然而适宜的城市设计所能实现的目标远不止这些，对于老年痴呆症患者而言，它还是基本的生存意识、生活价值和自尊感的保证；事实上，它直接影响到他们的日常行为——他们是否外出或者多久外出一次等。老龄化影响下的城市设计是什么样的？我们应越来越多地关注这一问题。目前关于老年痴呆症患者的设计文献资料大多关注于室内空间环境的设计，能够指导外部环境设置设计的设计导则非常稀缺；但文献显示，室内空间设计导则对老年人的功能性认知和感官性认知方面具有一定的积极意义。

我们的研究仅仅是一个开始，我们力图表明合理的室外环境设计能帮助老年痴呆症患者识别和理解他们所处的位置，做出适当的行为，找到正确的道路，感觉到安全和舒适，能够轻松地应用住区的邻里环境。本项研究关注的是一个数量相对较小但正迅速增长的社会群体的需要，对一般的老年人及许多其他知觉障碍或肌体残疾的人来说，此研究所提出的问题都具有十分重

图 11.6　享受户外环境是衡量老年人生活质量的一个核心内容

要的现实意义；同时，设计和创建适合老年痴呆症患者长期使用的社区对整个社会而言也具有一定的积极意义。

使老年人保持独立——"在原处居住"

一般来说，老年人、政策制定者、卫生专业人员和服务提供商有这样的共识，那就是：在可能的情况下老年人应该一直居住在自己家中并独立生活，这是最理想的情况。其原因如下：

■ 这代表了老年人自身的意愿；
■ 这降低了公共开支的预算；
■ 在供给有限的情况下降低养老院的压力；
■ 有益于老年人尤其是那些老年痴呆症患者的健康。

"生活街道"可以帮助老年人"留在原地"，在它的指导下，新建或改建的居民区为老年人能继续走出去、利用当地的设施，在居民区内部与人交流提供了可能。如果他们不能外出，不能享用社区服务，不能与其他人自由的交流，那么无论是否住在家里他们的生活质量都会有很大的局限性。

包容性设计

"生活街道"有助于创造面向所有人开放的环境。我们一直在谨慎地选用那些有利于社会所有成员的策略，那些不论使用者的年龄层次、身体健康情况及性别如何都能使用的普适性策略并不是我们提倡的重点。虽然很多的设计策略在产品和建筑的包容性设计方面都有一定的进展，但相对而言在城市的包容性设计方面涉猎不足，我们希望通过"生活街道"策略的提出能够在一定程度上弥补这一差距。

可持续社区

可持续社区为所有人提供了质量良好的生活，并为步行者和骑自行车者提供了安全舒心的环境。"生活街道"模型显然是可持续的，它有益于涉及社会可持续性的方方面面，同时支持用步行和自行车替代机动车设施，有利于环境可持续性的达成。

提供进一步研究人与环境的方法

我们为研究中从老年人痴呆症患者那里得来的有用信息感到惊讶。常见的对痴呆症患者的相关研究往往是在参与照顾痴呆症患者的相关人群中对看护者、家属、朋友或健康专家进行采访，而对痴呆症患者本人进行访谈则被认为是不可能或不切实际的；通过本研究我们证明了这是错误的。让老年痴呆症患者参与其中不仅能让他们感受到研究的乐趣，体现出他们的意见是有价值的，而且也证明了他们有能力对我们提出的问题给出有趣且明确的答案。

希望我们发明的这个方法能对其他研究人员在获取痴呆症患者的意见和看法方面有所帮助。我们总是在采访的前几天通过电话对采访者的心理状态进行调查——这种状态可能有好有坏。如果受访者的心情听起来很糟，我们就认为有必要推迟访谈，以期一个他们心情"好"的日子。我们的调查问卷是半开放的结构，如果受访者不按顺序跳过某道题，或者又回过头来答已经答过的题都是可以的。因为痴呆症患者说话往往充满了象征和隐喻，所以我们对他们的陈述进行了录音，以便事后有时间时慢慢消化和理解。我们借助照片进行讨论——痴呆症患者不善于进行抽象概念的表达，所以把带有注释的图片摆到他们面前更容易给他们提供直观的认识。我们在对老年痴呆症患者进行的室外散步监控中获益匪浅：老年痴呆症患者常常忘记他们该如何使用户外环境，或者为什么要使用户外环境，对他们散步过程的监控促使我们思考，为什么他们采取特殊的方式行进？或者他们怎么知道要走哪条路？监控的过程令我们发现了许多室外环境设计的问题，而这些问题通过访谈是发现不了的。

我们还制定了一个用来分析和衡量人们所处居民区设计特点的清单，通过这种统计数据的分析来观察参与者对环境的使用情况、享受程度是否与特殊的设计特点有关。我们已经在其他研究项目中使用了类似的清单统计法，并认为它为建成人居环境影响评估提供了一种新颖而有价值的方法（Weich et al，2001；Burton et al，2005）。

转变现状设计态度

最后，我们希望"生活街道"能为在一定程度上改变现有行业内的不良设计态度，哪怕其作用只是微乎其微。例如，很多人像我一样通过种种不同的课程被训练成一名建筑师，而如今却被告知创作要有想象力和原创性。大家很少读书——所有的研究几乎全都是以工作室中的调查为基础的。设计建筑需要踏勘现场，找到一种"感觉"，随后需要调查建筑的实际功能，会见模拟的业主。我认为在我的学生进行的论文答辩中，最糟糕的设计方式就是"设计甲方喜欢的建筑"。建筑更多地被看做是一种雕塑而不是适宜人居的环境。

或许这种态度是所谓的"现代建筑决定论"的一个反应。与此对立的，社会上也一直存在对于建筑师试图塑造和改变人类行为的批判性观点。我认为对于创作态度的问题我们应该持有一种中立观点。如果我们创作的是绘画、雕塑或其他艺术作品，那么没关系，因为人们可以自主选择是否观看，即使他们不喜欢我们的作品也没有什么要紧的。但是我们正在创建的是家，是建筑物，是居民区，是城镇中心，是人们生活和工作的地方，是人们成长和老去的地方，是人们观察社会的容器、人际关系的聚集处和日常活动的掩蔽所。作为建筑师和城市设计师，我们负有社会责任。有证据表明，环境问题确实会给人们的生活——例如机遇、生活质量以及身心健康等方面带来重大影响（Weich et al, 2002）。

医生治疗病人的时候，只用那些已经通过验证的可靠药品及治疗方法，因为他们知道治疗将会产生什么样的效果。那为什么我们不能用同样的方式和方法来进行环境设计呢？当然，我们应当尽最大努力找出什么方式可行、什么方法不可行，从已有的因素中确定最佳方案并以之为基础继续研究。如果我们对设计的基本原则（人们对设计的要求是什么，以及不同的设计特征会对此有何影响）有所了解，那么我们就拥有了提高人们生活环境质量的知识和能力。我们仍然需要创造力，仍然需要灵感和好的创意，但重要的是我们需要建立一个基础性的研究构架。如果我们知道其中关键因素的话，就可以创造出满足人们需求的崭新而现代的设计。人们喜欢一个场所的原因是什么？要想回答这个问题还有很长的路要走，"可持续环境满意度研究（WISE）"计划的启动就是这一研究的开端；其长期目标就是要为设计者提供信息，从而创造出对社会负责的设计。

一种解决用户需求的方式是社区参与设计（即住区内部的居民都能参与到设计过程中来，对设计可以发表不同的意见和建议），然而这种设计模式存在着一定的局限性，在街道和邻里尺度的街道上问题尤为明显：

- 那些呼声最高的意见往往最受关注——这种意见可能没有代表性；
- 已有社区的经验可能并不适用于未来新建社区；
- 那些处于弱势地位，遭到排斥的社会成员的需求和看法往往被忽视；
- 地方社区居民不一定知道哪些意见在设计方面是切实可行的——他们没有受过专业的设计训练；
- 街道和居民区有广泛而复杂的用途及多种多样的使用者——而社区可能没有能够全面地考虑到所有利益层次的需求，尤其是那些外来访客或者在这里工作而不是居住的人的利益往往被忽视；
- 社区层面所涉及的问题可能仅仅基于本社区、本区段，不一定能够考虑更为宽泛的范围，对于从城市角度出发而考虑整个社会的需求问题（如可承担住房的需要）及环境问题则无法顾及。

　　因此，我们呼吁创造一种与众不同的设计方法——一种充分发挥设计师的创造力和技能的方法，同时根据使用者的需求分析以往案例中成功和不成功的情况，进而提出具体解决策略的方法。对设计实践中不合理的部分应该有所转变，同时更重要的是，在建筑教育中应该有更大的转变。很多建筑师认为对使用者的调查和由此得出的结论性证据是平淡无奇而没有价值的，我们对此并不认同；相反我们相信，"生活街道"和其他以使用者为中心、以研究型设计为基础的设计导则能够令我们的城市拥有一个更加光明更加美好的未来。"生活街道"是一种理想，它能够为我们带来可持续发展的生活，为我们带来幸福，为我们带来希望。

参考文献

AIA (American Institute of Architects) (1985). *Design for Aging: An Architect's Guide*. Washington, DC: AIA Press.

Alzheimer's Association (2000). *People with Alzheimer's disease*. Available at: http://www.alz.org

Alzheimer's Society (2000). *About dementia. Statistics*. Available at: http://www.alzheimers.org.uk/about/statistics/html

Audit Commission (2000). *Forget me not: mental health services for older people*. Available at: http://www.audit-commission.gov.uk

Australian Government (1992). *Disability Discrimination Act*. Available at: http://www.comlaw.gov.au.comlaw/legislation/actcompilation1.nsf/current/bytitle/E158A29AF9

Axia, G., Peron, E. and Baroni, M. (1991). Environmental assessment across the life span. In *Environment, Cognition and Action: An Integrated Approach* (T. Garling and G. Evans, eds) pp. 221–244. Oxford: Oxford University Press.

Baragwanath, A. (1997). Bounce and balance: a team approach to risk management for people with dementia living at home. In *State of the Art in Dementia Care* (M. Marshall, ed.) pp. 102–105. London: Centre for Policy on Ageing.

Barberger-Gateau, P. and Fabrigoule, C. (1997). Disability and cognitive impairment in the elderly. *Disability and Rehabilitation*, **19(5)**, 175–193.

Barker, P. and Fraser, J. (1999). *Sign Design Guide: A Guide to Inclusive Signage*. London: JMU Access Partnership and Harpenden Sign Design Society.

Barnett Waddingham (2002). *The ageing population – burden or benefit?* Available at: http://www.barnett-waddingham.co.uk/cms/services/inscomps/news02023/view-document

Brawley, E. (1997). *Designing for Alzheimer's Disease: Strategies for Creating Better Care Environments*. New York: John Wiley.

Brawley, E. (2001). Environmental design for Alzheimer's disease: a quality of life issue. *Aging and Mental Health*, **5(Suppl 1)**, S79–S83.

Brewerton, J. and Darton, D. (eds) (1997). *Designing Lifetime Homes*. York: Joseph Rowntree Foundation.

Burley, R. and Pollock, R. (1992). *Every House You'll Ever Need: Designing Out Disorientation in the Home*. Stirling: Dementia Services Development Centre.

Burton, E. (2000). The compact city: just or just compact? A preliminary analysis. *Urban Studies*, **37(11)**, 1969–2006.

Burton, E. (2002). Measuring urban compactness in UK towns and cities. *Environment and Planning B*, **29(2)**, 219–250.

Burton, E. (2003). Housing for an urban renaissance: implications for social equity. *Housing Studies*, **18(4)**, 537–562.

Burton, E. and Mitchell, L. (2003). Urban design for longevity: designing dementia-friendly neighbourhoods. *Urban Design Quarterly*, **87**, 32–35.

Burton, E., Mitchell, L. and Raman, S. (2004). *Neighbourhoods for Life: Designing Dementia-Friendly Outdoor Environments. A Findings Leaflet*. Oxford: Oxford Institute for Sustainable Development, Oxford Brookes University.

Burton, E., Weich, S., Blanchard, M. and Prince, M. (2005). Measuring physical characteristics of housing: the Built Environment Site Survey Checklist (BESSC). *Environment and Planning B*, **32(2)**, 265–280.

CABE (Commission for Architecture and the Built Environment) (2005). *Better Neighbourhoods: Making Higher Densities Work*. London: CABE.

Calkins, M. (1988). *Design for Dementia: Planning Environments for the Elderly and the Confused*. Owings Mills, MD: National Health Publishing.

Campbell, S. (2005). *Deteriorating Vision, Falls and Older People: The Links*. Glasgow: Visibility.

Carroll, C., Cowans, J. and Darton, D. (eds) (1999). *Meeting Part M and Designing Lifetime Homes*. York: Joseph Rowntree Foundation.

Carstens, D. (1985). *Site Planning and Design for the Elderly: Issues, Guidelines and Alternatives*. New York: Van Nostrand Reinhold.

Cornell, E., Heth, C. and Skoczylas, M. (1999). The nature and use of route expectations following incidental learning. *Journal of Environmental Psychology*, **19**, 209–229.

DETR (Department of the Environment, Transport and the Regions) (1998). *Planning for the Communities of the Future*. London: The Stationery Office.

DETR (Department of the Environment, Transport and the Regions) (1999). *Quality of Life Counts: Indicators for a Strategy for Sustainable Development for the United Kingdom*. London: The Stationery Office.

DETR (Department of the Environment, Transport and the Regions) (2000a). *Our Towns and Cities: The Future – Delivering an Urban Renaissance*. London: Stationery Office.

DETR (Department of the Environment, Transport and the Regions) (2000b). *Planning Policy Guidance 3: Housing (revised)*. London: The Stationery Office.

DETR and CABE (Department of the Environment, Transport and the Regions and Commission for Architecture and the Built Environment) (2000). *By Design. Urban Design in the Planning System: Towards Better Practice*. London: The Stationery Office.

DETR and DoH (Department of the Environment, Transport and the Regions and Department of Health) (2001). *Quality and Change for Older People's Housing: A Strategic Framework*. London: The Stationery Office.

DfEE (Department for Education and Employment) (2001). *Towards Inclusion: Civil Rights for Disabled People. Government Response to the Disability Rights Task Force*. London: The Stationery Office.

DoE (Department of the Environment) (1996). *Planning Policy Guidance 6: Town Centres and Retail Development (revised)*. London: HMSO.

DoE and DoT (Department of the Environment and Department of Transport) (1994). *Planning Policy Guidance 13: Transport*. London: HMSO.

DSDC (Dementia Services Development Centre) (1995). *Dementia in the Community: Management Strategies for General Practice*. London: Alzheimer's Disease Society.

DTLR (Department of Transport, Local Government and the Regions) (2001). *By Design. Better Places to Live: A Companion Guide to PPG3*. London: The Stationery Office.

Fabisch, G. (2003). Meeting the needs of elderly and disabled people in standards. Paper given at the *European Standards Bodies Conference, Accessibility for All*, European Standards Organisations: CEN, CENELEC and ETSI, 27–28 March 2003, Nice, France.

Faletti, M. (1984). Human factors research and functional environments for the aged. In *Elderly People and the Environment. Human Behaviour and Environment: Advances in Theory and Research, Vol. 7* (I. Altman, M. Powell Lawton and J. Wohlwill, eds) pp. 191–237. New York: Plenum Press.

Fogel, B. (1992). Psychological aspects of staying at home. *Journal of the American Society on Aging*, **16(2)**, 15–27.

Gant, R. (1997). Pedestrianisation and disabled people: a study of personal mobility in Kingston town centre. *Disability and Society*, **12(5)**, 723–740.

Goldsmith, M. (1996). *Hearing the Voice of People with Dementia: Opportunities and Obstacles*. London: Jessica Kingsley.

Golledge, R. (1991). Cognition of physical and built environments. In *Environment, Cognition and Action: An Integrated Approach* (T. Garling and G. Evans, eds) pp. 35–62. Oxford: Oxford University Press.

Greenberg, L. (1982). The implication of an ageing population for land-use planning. In *Geographical Perspectives on the Elderly* (A. Warnes, ed.) pp. 401–425. Chichester: John Wiley.

Hall, P. and Imrie, R. (1999). Architectural practices and disabling design in the built environment. *Environment and Planning B – Planning and Design*, **26(3)**, 409–425.

Harrington, T. (1993). *Perception and Physiological Psychology in Designing for Older People with Cognitive and Affective Disorders*. Eindhoven: Institute for Gerontology, University of Eindhoven.

Help the Aged (2005a). *Age discrimination*. Available at: http://www.helptheaged. org.uk/CampaignNews/AgeDiscrimination/_default.htm

Help the Aged (2005b). *Incontinence*. Available at: http://www.helptheaged.org.uk/ Health/Conditions/Incontinence/default.htm

Help the Aged (2005c). *About us*. Available at: http://www.helptheaged.org.uk/_boiler-plate/About+Us/default.htm

Hillman, J. (1990). The importance of the street. *Town and Country Planning*, February, 42–46.

HM Government (1994). *Sustainable Development: The UK Strategy*, Cm 2426. London: HMSO.

Housing Corporation (2002). *Housing for Older People*. London: Housing Corporation.

Housing Corporation (2003). *Affordable Housing: Better by Good Design*. London: Housing Corporation.

Huppert, F. and Wilcock, G. (1997). Ageing, cognition and dementia. *Age and Ageing*, **26-S4**, 20–23.

Imrie, R. (2001). *Inclusive Design: Designing and Developing Accessible Environments*. London: Spon.

Imrie, R. and Kumar, M. (1998). Focusing on disability and access in the built environment. *Disability and Society*, **13(3)**, 357–374.

Kalasa, B. (2001). Population and ageing in Africa: a policy dilemma? *Conference proceedings of the XXIV General Conference of the International Union for the Scientific Study of Population*, Brazil, 18–24 August.

Kitchin, R. (2000). Collecting and analysing cognitive mapping data. In *Cognitive Mapping: Past, Present and Future* (R. Kitchin and S. Freundschuh, eds) pp. 9–23. London: Routledge.

Lacey, A. (2004). *Designing for Accessibility: Inclusive Environments*. London: RIBA Enterprises and Centre for Accessible Environments.

Laing and Buisson (2005). Available at: http://www.laingbuisson.co.uk

Lavery, I., Davey, S., Woodside, A. and Ewart, K. (1996). The vital role of street design and management in reducing barriers to older people's mobility. *Landscape and Urban Planning*, **35(2–3)**, 181–192.

Laws, G. (1994). Aging, contested meanings, and the built environment. *Environment and Planning A*, **26**, 1787–1802.

Lipman, P. (1991). Age and exposure differences in the acquisition of route information. *Psychology and Aging* **(6)**, 128–133.

Llewelyn-Davies (2000). *Urban Design Compendium*. London: Llewelyn-Davis.

Lubinski, R. (1991). Learned helplessness: application to communication of the elderly. In *Dementia and Communication* (R. Lubinski, ed.) pp. 142–151. San Diego, CA: Singular Publishing Group.

Lynch, K. (1960). *The Image of the City*. Cambridge, MA: MIT Press.

Marshall, M. (1998). A brighter horizon. *Community Care Supplement: Inside Dementia*, 29 October–4 November, 2–3.

Mitchell, L. and Burton, E. (2004). *Neighbourhoods for Life: A Checklist of Recommendations for Designing Dementia-Friendly Outdoor Environments*. Oxford: Housing Corporation and Oxford Brookes University.

Mitchell, L., Burton, E., Raman, S., Blackman, T., Jenks, M. and Williams, K. (2003). Making the outside world dementia friendly: design issues and considerations. *Environment and Planning B – Planning and Design*, **30(4)**, 605–632.

Moore, G. (1991). Life-span developmental issues on environmental assessment, cognition, and action: applications to environmental policy, planning and design. In *Environment, Cognition and Action: An Integrated Approach* (T. Garling and G. Evans, eds) pp. 309–331. Oxford: Oxford University Press.

National Statistics Online (2002). *Census 2001. Population report: demographics*. Available at: http://www.statistics.gov.uk/census2001/demographic_uk.asp

Norman, A. (1987). *Aspects of Ageism: A Discussion Paper*. London: Centre for Policy on Ageing.

ODPM (Office of the Deputy Prime Minister) (2003). *Sustainable Communities: Building for the Future*. London: The Stationery Office.

ODPM (Office of the Deputy Prime Minister) (2005a). *Planning Policy Statement 1: Delivering Sustainable Development*. London: The Stationery Office.

ODPM (Office of the Deputy Prime Minister) (2005b). *Excluded Older People: Social Exclusion Unit Interim Report*. London: The Stationery Office.

ODPM/CABE (2000). *By Design – Urban Design in the Planning System: Towards Better Practice*. London: The Stationery Office.

Oxley, P. (2002). *Inclusive Mobility. A Guide to Best Practice on Access to Pedestrian and Transport Infrastructure*. London: The Stationery Office.

Passini, R., Rainville, C., Marchand, N. and Joanette, Y. (1998). Wayfinding and dementia: some research findings and a new look at design. *Journal of Architectural and Planning Research*, **15(2)**, 133–151.

Passini, R., Pigot, H., Rainville, C. and Tetreault, M.-H. (2000). Wayfinding in a nursing home for advanced dementia of the Alzheimer's type. *Environment and Behaviour*, **32(5)**, 684–710.

Patoine, B. and Mattoli, S. (2001). *Staying Sharp: Current Advances in Brain Research. Memory Loss and Aging*. Washington, DC: AARP Andrus Foundation, and New York: the Dana Alliance for Brain Initiatives.

Peace, S. (1982). The activity patterns of elderly people in Swansea, South Wales, and south-east England. In *Geographical Perspectives on the Elderly* (A. Warnes, ed.) pp. 281–301. Chichester: John Wiley.

Perrin, T. and May, H. (2000). *Wellbeing in Dementia: An Occupational Approach for Therapists and Carers*. Edinburgh: Churchill Livingstone.

Reisberg, B., Ferris, S., Franssen, E., Kluger, A. and Borenstein, J. (1986). Age-associated memory impairment: the clinical syndrome. *Developmental Neuropsychology*, **2(4)**, 401–412.

Robson, P. (1982). Patterns of activity and mobility among the elderly. In *Geographical Perspectives on the Elderly* (A. Warnes, ed.) pp. 265–280. Chichester: John Wiley and Sons.

Twining, C. (1991). *The Memory Handbook*. Bicester: Winslow Press Ltd.

United Kingdom Government (2005). *Disability Discrimination Act*. London: The Stationery Office.

United Nations (1999). *Population ageing 1999*. Available at: http://www.un.org/esa/population/publications/aging99/a99peu.txt

Urban Task Force (1999). *Towards an Urban Renaissance*. Final report of the Urban Task Force chaired by Lord Rogers. London: Urban Task Force.

US Department of Justice (1990). *Americans with Disabilities Act*. Available at: http://www.usdoj.gov/crt/ada/adahom1.htm

Weich, S., Burton, E., Blanchard, M., Prince, M., Sproston, K. and Erens, R. (2001). Measuring the built environment: validity of a site survey instrument for use in urban settings. *Health and Place*, **7**, 283–292.

Weich, S., Blanchard, M., Prince, M., Burton, E., Sproston, K. and Erens, R. (2002). Mental health and the built environment: a cross-sectional survey of individual and contextual risk factors for depression. *British Journal of Psychiatry*, **180**, 428–433.

WHO (World Health Organisation) (2004). *World Health Organisation launches new initiative to address the health needs of a rapidly ageing population.* Available at: http://www.who.int/mediacentre/news/releases/2004/pr60/en/

Wilkniss, S., Jones, M., Korol, D., Gold, P. and Manning, C. (1997). Age-related differences in an ecologically based study of route learning. *Psychology and Aging*, **12**, 372–375.

Wylde, M. (1998). *It's still time for universal design. Critical issues in aging, fall.* Available at: http://www.asaging.org/am/cia2/design.html

Zimring, C. and Gross, M. (1991). Searching for the environment in environmental cognition research. In *Environment, Cognition and Action: An Integrated Approach* (T. Garling and G. Evans, eds) pp. 78–95. Oxford: Oxford University Press.